我们一起解决问题

儿 童 心 理 之 谜
依恋，如何给孩子一生的安全感

［英］贝蒂·德·蒂埃里 —— 著

姚小菡 向隽 刘艳君 —— 译 林红 —— 审校

The Simple Guide to Attachment Difficulties in Children
Betsy de Thierry

人民邮电出版社
北 京

图书在版编目（ＣＩＰ）数据

儿童心理之谜 / （英）贝蒂·德·蒂埃里
(Betsy de Thierry) 著；姚小菡，向隽，刘艳君译. --
北京 ： 人民邮电出版社，2021.9（2022.9重印）
ISBN 978-7-115-56682-9

Ⅰ．①儿… Ⅱ．①贝… ②姚… ③向… ④刘… Ⅲ.
①儿童心理学—通俗读物 Ⅳ．①B844.1-49

中国版本图书馆CIP数据核字(2021)第113519号

内 容 提 要

孩子的身心健康对父母来说尤为重要，他们身体上的疾病父母往往能很快发现并积极治疗，但他们心理上的问题父母却很难发现。儿童有属于自己的语言、生理和心理发展节奏、行为和活动方式。无论是家长还是老师，只有了解儿童的心理，才能营造有利于他们身心健康发展的环境。

作为四个男孩的母亲、执业心理治疗师和小学教师，蒂埃里通过《儿童心理之谜》这套书将与儿童心理问题相关的复杂情形转化为具有丰富实践价值的心理治疗语言，并且提供了很多实用的建议。书中讲述了与儿童心理有关的几个主题：早期与主要照料者的关系决定了孩子是否有能力发展健康的情感和人际关系，因此帮助孩子找回内心缺失的爱至关重要；每个孩子都很敏感，但有些孩子比其他孩子更为敏感，当面对敏感小孩时父母该如何做，尤其是男孩；让孩子感到羞耻并不能激发他们的动机，反而会让他们觉得自己永远都不够好、没有创造力和自信心；幸福的人用童年治愈一生，而不幸的人用一生治愈童年，如何才能不让孩子遭受心理创伤并影响其一生。

家长、老师及与儿童一起工作的相关人员在充分了解上述内容的基础上，将能够帮助孩子拥有一个幸福的童年，促进他们健康成长，从而有益于社会的发展。

◆　　著　　［英］贝蒂·德·蒂埃里（Betsy de Thierry）
　　　　译　　姚小菡　向 隽　刘艳君
　　责任编辑　黄海娜
　　责任印制　胡 南

◆ 人民邮电出版社出版发行　　北京市丰台区成寿寺路 11 号
　　邮编 100164　电子邮件 315@ptpress.com.cn
　　网址 https://www.ptpress.com.cn
　　三河市中晟雅豪印务有限公司印刷

◆ 开本：880×1230　1/24
　　印张：23.25　　　　　　　　　　2021 年 9 月第 1 版
　　字数：300 千字　　　　　　　　2022 年 9 月河北第 2 次印刷
　　著作权合同登记号　图字：01-2021-2062号

定　价：136.00 元（全 4 册）
读者服务热线： (010) 81055656　印装质量热线： (010) 81055316
反盗版热线： (010) 81055315
广告经营许可证：京东市监广登字 20170147号

作者简介

贝蒂·德·蒂埃里（Betsy de Thierry）

贝蒂·德·蒂埃里养育了四个优秀的男孩，她是一位心理治疗师和小学教师，还是创伤康复中心（Trauma Recovery Centre）创始人、儿童创伤康复研究院（Institute of Recovery of Childhood Trauma）院长。她创办了多家慈善机构，直接向有困难和经历困扰的家庭提供帮助。她是 BdT Ltd 公司的首席执行官，负责心理创伤治疗的培训、咨询及管理工作，为英国各地与儿童一起工作的人提供专业的帮助。

译者简介

向隽

中国心理学会儿童成长指导师，中国科学院儿童心理学硕士，武汉大学信息管理学学士。资深图书策划编辑，副编审，曾任湛庐文化科学教养主编、中央级出版社编辑部主任。提倡以心理学、脑科学为指导的科学教育方式，科学教育的倡导者和践行者。

养育一个健康、阳光、自信、快乐的孩子，我相信这是所有家长最想要的。这套书的作者是四个孩子的母亲，也是一位陪伴孩子成长的心理学家，她通过这套书告诉我们如何与敏感的孩子相处，如何给予孩子充分的心理安全感，如何面对孩子的羞耻感，以及如何帮助孩子疗愈和避免心理创伤。与这套书相遇，你和孩子都会有不一样的惊喜与收获！

段鑫星

中国矿业大学公共管理学院院长

心理学博士、教授，点击量超过 140 万次慕课主讲人

总序

无果的果树，因不结果而遭受责骂，但谁曾探究过土地的贫瘠？

折断的丫杈，因枯木朽烂而遭受责骂，难道这不是因为大雪的重压？

德国戏剧家、诗人贝托尔特·布莱希特（Bertolt Brecht）的诗歌发人深省。是的，没有任何一种行为能够在脱离系统和社会背景的情况下被理解和改变。

儿童和青少年并非生活在真空中，他们是家庭的一员，以及整个社会系统的一部分。儿童和青少年成长的每个方面都受到家庭、学校、社会环境的影响。在心理咨询与治疗的工作中，我们不难发现，家庭常常把问题归结于孩子或某个家庭成员身上，但事实往往是整个系统出现了问题。

作为儿童精神科医生、家庭治疗师，我十分赞同以上理念，并在临床和生活实践中反复验证这些理念，这也是我对家庭治疗情有独钟的原因。可是，"孩子病了，单纯治疗孩子是不够的，整个家庭都需要改变"，父母很难理解这句话，更不要说让他们对改变达成一致意见并坚持下去。

家长往往觉得问题出在孩子身上，是孩子太脆弱了；而孩子觉得是家长不可理喻、无法沟通，因此不乏有人偏激地认为"父母皆祸害""都是原生家庭惹的祸"。

其实，影响孩子心理健康的因素纷繁复杂，往往是生物、心理、社会因素交互作用的结果。有些孩子确实天生极其敏感，养育起来有些困难；有些家长自己在儿时没有得到"刚刚好"的养育，在养育自己孩子的过程中可能就会面临更大的挑战。如果家长自身有焦虑、抑郁等精神问题，那更无异于火上浇油。

　　每次在与孩子和父母会谈结束后，我总是感慨万千：父母是那么爱自己的孩子，却常常在不知不觉中伤害孩子！而且当父母带着孩子前来寻求帮助时，十有八九问题已经很严重了，矫治起来难度极大。在有限的时间内完成繁重的治疗目标，这经常令我感觉力不从心。

　　我经常异想天开：假如能有一些简明扼要、易于父母和孩子理解且又令人信服的读物辅助心理治疗，治疗效果和效率肯定会大大提升；如果时光能够倒流，在孩子出生伊始及成长过程中，父母能够得到及时、有效的指导和帮助，那么就会有更多的家庭过上幸福的生活！

　　当我受邀审校《儿童心理之谜》这套书时，看完后我惊喜不已，并对这套书爱不释手。令习惯于阅读大部头心理学专著的我没想到的是，心理学书籍居然可以如此袖珍、小巧，而且内容深入浅出、贴近临床和实际生活，读起来常有醍醐灌顶之感。

　　读着书中的文字，我曾接诊过的一个个鲜活的家庭浮现在脑海中，儿子成长过程中的一幅幅画面也跃然纸上。我十分同意作者的描述和分析，有时不禁拍案叫绝，"是的，就是这个样子"。假如向我寻求帮助的家长能读一读这套书，那该多好呀！这样家庭治疗的效果肯定会事半功倍。

　　当然，我有一个更大的梦想：假如每一位新手爸爸、妈妈能在孩子诞生之初，甚至准备孕育孩子的阶段，就能有幸读到这套书，我相信他们的孩子会更健康快乐、整个家庭也会更和谐幸福。

　　这套书浓缩了养育孩子最核心的理念和方法，包括：如何建立依恋关系并给孩子一生的安全感；如何避免童年心理创伤；如何破除羞耻感，培养孩子的自我认同与自信状态；此外，还特别关注敏感小孩及如何更科学地养育敏感小孩。

　　这些主题迫切需要被大众理解，并传播给更广泛的人群。这些主题有些复杂，并不易被理解和"消化"。难得的是作者以其特有的方式将这些主题讲述得通俗易懂，提供的方法也很实用。

尤其令我惊讶的是，虽然书中的观点和案例出自国外的作者，但我在审校的过程中竟然没感受到明显的文化差异。看来，可怜天下父母心，作为人类我们是相通的。我实在等不及了，下面先分享这套书中令我印象深刻的一些"金句"。

如果儿童只是简单地被告知他们是值得被爱的，而没有对话、微笑、眼神交流和相视而笑等面对面的交流，这些话语的影响就会很微弱，无法深入他们的核心自我意识。

如果儿童哭闹，最好的办法就是让他们哭，即使导致他们哭泣的事情与成年人面对的挣扎相比好像微不足道，但同时要确保他们能感受到周围成年人的同情心。

"女孩会哭，男孩也会哭。有些孩子哭得更多一些。"在现代社会中，人们告诉男孩"要像个男子汉""不要哭得像个女孩一样"，其实这些都无益于男孩的成长。

这套书从容、快捷地将包括心理学、社会工作、神经科学、生物化学和遗传学等在内的大量研究呈现在读者面前，供忙碌又对此话题感兴趣的家长、儿童照料者和从事该领域的专业人士阅读。

尽管这套书重点讲的是儿童的依恋、心理创伤、羞耻感等问题，但书中大部分内容适用于所有年龄段的人。无论我们年纪多大，当我们在亲密关系中受伤时，真正的治愈也来自亲密关系。不过，随着年龄渐长，我们对情感伤痛的应对机制会更复杂、更多层，修复大脑神经连接所需的时间会更长。可见，作为孩子身边的成年人，我们肩负着多么重要而艰巨的使命：既有责任寻求帮助，疗愈自己（或许来自儿时）的伤痛；也有责任善待孩子，为孩子构建始终如一、友善、呵护、共情和情感饱满的亲子关系。阅读这套书可以帮助你更好地完成这两个使命。

这套书通俗易懂、简单易读，请享受你的阅读之旅吧！

林红

医学博士

北京大学第六医院（精神卫生研究所）儿童精神科医生，家庭治疗师

中国心理卫生协会心理治疗与心理咨询专业委员会秘书长、常务委员

创办微信公众号：林红医生儿童心理

推荐序

父母和孩子之间的关系是所有人与人的关系中最深厚的。从生命诞生的角度来说，一方面，脐带像一根绳索一样牵绊着养育者和被养育者、孕育者和被孕育者；另一方面，在生理上如此亲近的两方，却也可能在情感、心理和精神上变得十分疏离。

我生了三个孩子，领养了一个孩子。作为四个孩子的母亲，我能够近距离地观察不同依恋类型的儿童。我的每个孩子都有其独特的需求，包括两个自闭症女孩。我们与这些不可思议的孩子彼此形成亲密关系的过程就像一段美妙的旅程。当我和丈夫大卫（David）收养我们的儿子时，我们自认为已经算是"博识"的父母了，能比别人更好地应对儿童可能出现的任何依恋问题。作为声乐教练，我们善于倾听。我们相信，我们的爱会把我们领养的这个小男孩带到一个让他感觉安全的地方，让他感受到被拥抱、被包容，并且让他有安全感，最重要的是让他感受到被爱。

但我们忽略了亲密关系需要双方建立联结，我们很快就发现，如果只靠我们自己，即使付出最大的努力也是不够的。我可以发自内心地保证，我同等地爱我的所有孩子，但修复亲子之间的依恋关系需要的不仅仅是爱。

2011年，我们收养了我们的小儿子，他很快就和大卫亲近起来。在参加收养培训时，我们知道有些被收养的孩子永远无法与养父母形成亲子依恋关系，所以我对小儿子表现出来的这种亲近感到非常高兴。但在接下来的两年中，我和小儿子的关系始终很糟糕。我感觉到了小儿子对我的拒绝，这让我非常沮丧。于是，我变得更加努力，但我的努力换来的却是小儿子的沉默、反抗甚至是暴力。

于是，我们踏上了探索创伤及其影响的漫长道路。我们必须了解我们面对的是什么。我们发现，一旦孩子对养育者失去信任，几个月甚至几年坚定有爱的养育都无法弥补。我和大卫得先振作起来，准备好迎接即将到来的"战斗"。在这方面，我们需要的是洞察和启示。

我们已经在这条路上走了很长时间，我们发现依恋就在那里，它是稳定的，而且从本质上讲是具备永久性的。虽然依恋的日常培养十分具有挑战性，但现在我们有了坚实的基础。我和我的小儿子已经建立了情感联结。

这本易于阅读的书所提供的内容正是我们迫切需要的。这本书将各种问题清晰地呈现在我们面前，并尝试洞悉问题背后的本质，而不是只给出肤浅的解决方案。同时，作者贝蒂也有办法让父母们觉得自己真的可以做好。在这里没有指责和羞辱，只有观察和启发。

　　书中每一章结尾的思考问题特别有助于父母开展亲子对话和构思养育规划。而且，这本书也可以用于小组训练和互助。真希望我们在领养我们的小儿子之前遇到这本书。

凯莉·格兰特（Carrie Grant）

前言

　　圆满的生活离不开人际关系，所以，依恋关系是人的一生中非常重要的课题之一。我们自出生开始就依赖人际关系而生存，我们一生中的大部分时间都与他人一起生活和工作。虽然人际关系会给我们带来痛苦和混乱，但它也至关重要，因为它能让我们真正地感觉到自己是活着的。

　　这是一本关于依恋关系的简明指南。在写这本书时，这个领域多年累积的大量专家研究和不断发展的各种理论，让我倍感压力。我不得不承认，我在本书中只能涉及和稍加探讨其中的部分研究。这本书旨在为那些无暇深入研究丰富文献的人们提供一份概览。我希望你能将这本小书中的内容轻松地应用于生活和工作。由于我想让本书的内容更简短、更通俗易懂，所以可能无法满足你关于依恋关系的所有阅读需求。对此，我感到十分抱歉。但我相信，如果你阅读本书时，结合阅读《儿童心理之谜：心理创伤，如何避免伤在童年》和《儿童心理之谜：破除羞耻感，如何培养孩子的自我认同与自信状态》，你就能更好地理解儿童。

就像这套书的其他几本书一样，尽管本书重点讲的是儿童的依恋问题，但书中大部分内容适用于所有年龄段的人。无论我们年纪多大，当我们在亲密关系中受伤时，真正的治愈也来自亲密关系。但随着年龄渐长，我们对情感伤痛的应对机制会更复杂、更多层，修复大脑神经连接所需的时间会更长。这时，通过调整关系、觉察自我和正确处理好负面经历就可能治愈伤痛。

如果你正在为改变生活而寻求帮助，我希望这本书能帮你构建始终如一、友善、呵护、共情和情感饱满的亲密关系。

让我们致力于建设一个没有羞耻和指责，充满支持、情感联结、同情和善良的社会。

你做得很好，我代表孩子们感谢你。继续加油吧……总有一天，孩子们将会告诉你，你给他们的生活带来了无与伦比的影响。

目录

第一章

什么是依恋

依恋的定义

依恋用来描述一种感受安全的能力，即儿童通过与主要养育者的关系感受到情感和生理上安全的能力。依恋理论最初是由心理学家约翰·鲍尔比（John Bowlby）提出的，他沉迷于研究婴儿和母亲之间的早期关系及这种关系对婴儿成长的影响。这个概念已经从单纯的关于婴儿和母亲之间的关系，发展到了涵盖儿童与主要养育者在情感上感到内在安全的能力。

假设你阅读这本书是因为你关心自己的孩子，希望他们得到最好的成长经历：作为父母的你可能曾经历过创伤，认识到孩子受到了你的那段创伤经历的影响，并且希望能消除这种影响；可能你是专注于与孩子发展一种积极关系的养父母；可能你是老师或教学助理，总面对那些需要你帮助他们走出不健康依恋关系的学生；可能你是青少年辅导员、教育工作者或从事其他类似工作的人，专注于帮助儿童和青少年从导致其不良行为方式的艰难经历中恢复。

在与儿童相关的工作中，"依恋"这个词正被频繁地使用，所以当我们探讨这个概念时，准确的定义很重要。在前文中，我已经给出了我的定义，以下是其他一些专业人士对依恋所下的定义。

丹尼尔·伯努瓦（Diane Benoit）

依恋是孩子和父母之间关系的一个特定方面，其目的是让孩子感到安全、有保障和受到保护。

大卫·施明斯（David Shemmings）

依恋是一个精确的术语，它是一个有关安全的避风港的概念，当它可获得时会成为探索我们周围世界的一个安全基地。当我们与我们的安全基地分离时，我们会变得焦虑，并迅速寻求接近。

P. M. 克里滕登（P. M. Crittenden）

在婴儿期和儿童期，依恋对象既能为孩子提供保护，也能
教他们如何将信息的意义传达至他们的大脑。

我认为，依恋是父母养育孩子过程中的一个特殊元素，它不仅仅
是满足孩子的身体需求，并且涉及主要养育者作为孩子情绪安全调节
器的情感可获得性。本书将探索这一角色的挑战，并着眼于修复不良
依恋经历的方法。

健康的依恋关系从胎儿时期就开始发展，母亲对胎儿的动作给予
回应，并通过语言、声音和触摸与胎儿进行互动。有研究表明，胎儿
在子宫里就会对母亲的这些行为做出反应，当他们出生时，就能识别
出在子宫内听到的熟悉的声音。里贾内·马丽·沙利文（Regina Marie
Sullivan）及其同事的研究表明，这一现象开始于一个特定的发展
时期。

这种联系开始于怀孕的最后三个月，这时胎儿的听觉和
嗅觉系统开始发挥作用，这使胎儿能够感受到母亲的声音和
气味。

从孩子出生时起，父母就会对他们明确的需求做出反应。人们自然而然地认识到婴儿的脆弱性，这促使大多数比婴儿年长的人对婴儿做出强烈的保护反应。依恋是这样一种特定的反应：

- 提供安全保障；

- 通过安抚、创造快乐和引导平静来调节情绪；

- 为探索"世界"提供安全基地。

婴儿学会寻找最熟悉的声音和气味，当他们体验到熟悉的感觉时，就会做出放松的反应。对婴儿来说，这些熟悉的气味和声音意味着一种安全的体验。随着他们的成长，这种与感官体验相关的安全感会增强，所以，他们开始黏着父母，当他们感到紧张或害怕时就会跑回父母身边，与其他人相比，他们更喜欢父母的陪伴。

当儿童不断地重复这种经历时，他们就能在探索世界的同时知道安全空间永远都在，可以随时回去体验自己熟悉的放松感和舒适感。这能培养儿童的自信，使他们需要"安全空间"的时间越来越少，也能提升他们的自我认同感、内在力量和能力。

情感纽带

鲍尔比和玛丽·安斯沃斯（Mary Ainsworth）首次提出了"依恋"，认为它是可重复的且始终如一的，是婴儿和儿童的安全空间且具有强大的力量。鲍尔比认为，依恋就是婴儿和养育者之间形成的一种重要的情感纽带。他认为，这种情感纽带是婴儿和儿童"探索世界的安全基地"。安全基地是指当我们的强烈情感被唤起时，能让我们感觉像"安全的避风港"的地方。对婴儿来说，强烈的情感可能是一声巨响、肚子饿了或感到寒冷，随着年龄的增长，强烈的情感也会变得更加多样化。

玛丽·安斯沃斯感兴趣的是母亲和婴儿之间的关系，以及婴儿与母亲分离和重聚后发生了什么。安斯沃斯设计了一个陌生情境实验，这是一项著名的开创性研究，这个实验探索了母亲把婴儿单独留在一个陌生的情境并让他们和陌生人在一起时的反应。

安斯沃斯从这项研究中推论出依恋有不同的风格，而且就像鲍尔比认为的那样，孩子需要一种温暖且亲密的影响来发展健康的情感和关系。安斯沃斯和鲍尔比都得出这样的结论：在婴儿出生的第一年，当他们受到惊吓时，被拥抱、被注意、被安慰和被照顾的体验对其能力的健康发展至关重要。他们断言，早期经历会影响个体的一些关键能力的发展，如信任他人、自我意识、反思需求并寻求帮助的能力。随着年龄的增长，儿童开始探索周围的环境，这时如果他们确信有一个可以随时回去的安全空间，当他们感到不安或恐惧时就会得到安慰。

鲍尔比认为，婴儿能获得让他们学习相关情感信息的低层次依恋。这种层次的依恋能让婴儿知道有不止一个成年人可以确保他们的安全，这样他们就会本能地转向熟悉的面孔寻求安慰。从本质上讲，早期依恋经历奠定了儿童在社会心理和生理方面发展的基础。

内部图式理论从主要养育者向儿童提供情感安全和人身安全方面的影响，发展到相信他们会从这些经历中形成一个非永久性的关系模式。儿童会利用这个模式判断之后的所有关系和对其他成年人的期望。在成长过程中，如果儿童的需求重复得到满足，那么他们就会形成一个内部模式或内部图式，促使他们期望其他成年人是值得信任的。如果儿童经历过与主要养育者之间依恋关系的不稳定，那么他们会认为与其他成年人的关系也不稳定，在与他人的关系中就会更焦虑或矛盾。鲍尔比将此描述为"内部工作模式"，这种模式会因为重复的关系体验而改变，在成年后也是如此。

谁会成为依恋对象

对婴儿来说，依恋的对象通常是主要照顾他们的成年人，可以是一个，也可以是两个，虽然他们只会对其中一个人有更深的依恋。随着他们的成长，他们开始有能力在其他成年人和兄弟姐妹身上找到安全感和安全保障，但这些人只会成为附加的依恋对象，而不会取代主要养育者。依恋理论不断发展，现在已经有证据表明，依恋关系可以由祖父母、朋友、保姆甚至哥哥、姐姐提供。如果那些能够长期提供稳定呵护关系体验的人，能以一种温暖和有效的情感方式引导婴幼儿重复体验积极和消极的感受，他们就可以成为依恋对象。

当儿童和主要养育者都遭遇心理创伤时，附加的依恋对象就能帮助儿童找到安全感并提供安全保障。

促进依恋关系健康发展的最重要因素是稳定、重复、温暖、友善、共情和耐心的照顾。

共同调节

现在，成年人开始意识到，当儿童不能"控制"或调节自己的情绪和反应时，教室和操场就会一片混乱。然而，他们没有意识到，自我调节是从共同调节中发展出来的。理想的状况是，儿童在 0 ~ 5 岁的成长过程中，不断地通过依恋对象获得持续的情感调节体验。如果儿童有过这样的体验，那么他们就能驾轻就熟地知道如何安抚、平息和调节自己的情绪和反应。这样，通过共同调节帮助安抚儿童和帮助儿童平静的成年人的声音就会转化成儿童的一种内在声音。在有依恋对象陪伴时，这种内在声音可以让儿童自我安抚和平静下来。路易斯·科索利诺（Louis Cozolino）这样描述早期依恋关系对人的长期影响：

良好的早期关系能促进前额叶获得最佳发育状态，这促使我们对自己有良好的评价，信任他人，能调节自己的情绪，保持积极的体验，并能调动我们的情感和聪明才智去解决问题。

即使儿童在早期没有经历过这种积极的共同调节体验，一般他们在学校也能获得这种体验。因为如果儿童没有自我调节的能力，在学校时他们的冲动行为就会成为问题。儿童在学校里的共同调节一般是通过老师找到他们的学习需求来提供的，比如额外的读写课或数学课可以增强学生的共同调节体验。在这些平静时刻，当成年人用安抚性的语调谈论某个话题，并带着真诚和肯定鼓励儿童时，他们的内心就会感到平静且充满安全感，这会让他们真正地放松下来。由于儿童在一对一的教学过程中建立了一种依恋关系，所以当他们崩溃时，老师可以和平常一样带着真诚、肯定并用熟悉的语调帮助儿童。无论儿童是由于应激、创伤或父母能力不够错过了 5 岁前的自我调节发展期，还是因为一些困难导致他们还需要更多的共同调节帮助他们发展自我调节能力，成年人都可以和他们进行共同调节。阿诺德·沙蒙罗夫（Arnold Sameroff）的研究证明，在儿童学习如何调节自己的情绪和行为方面，主要养育者起至关重要的作用。

主要养育者的行为对儿童的自我调节的发展有显著的贡献。儿童在婴儿期依靠养育者来调节自己的状态、觉醒和行为，并在幼儿期逐渐形成自我管理行为和情绪的能力。正是由于养育者提供的共同调节，使儿童的社会化、情感和认知体验日益复杂，使他们能够练习自我调节。

如何进行共同调节

共同调节要求成年人在儿童出现情绪反应时提供和蔼可亲、温暖且善解人意的陪伴。在儿童感受到情绪压力时，成年人能帮助他们协调失调的状态，在混乱中注入平静和能量，最终用耐心和信任安抚他们的情绪并缓和他们的行为。如果成年人能有意识地通过经常陪儿童一起玩耍、欢笑和聊天来建立情感联结，那么在儿童情绪低落的时候，成年人就能帮助他们化解低落的情绪。

要想建立与儿童共同调节的积极依恋关系，最好的方法就是通过一对一地陪儿童专注于一些活动，在活动中全心感受儿童的需求、情绪和反应，并且享受其中，给儿童高质量的陪伴。一次活动的时间不用太长，但这段时间足以让你们在欢笑、愉悦和趣味中体验到情感联结。当成年人温柔地对儿童的不同情绪做出反应，并教会他们表达体验和感受的话语时，儿童的自我调节"肌肉"就得到了锻炼。之后，当儿童无论难过、沮丧、愤怒或情绪爆发时，他们都知道成年人会和蔼可亲且善解人意地关注他们的需求，帮助他们感知自己的情绪和反应。在共同调节的过程中，儿童能感受到自己被依恋对象理解，能在淹没自己的情绪和体验中感受到安全感。丹·西格尔（Dan Siegel）认为，

> 共鸣组合中的每个个体发出的信号在质量和时机上都能彼此响应。这种共鸣的沟通通常以两个个体之间共享的非言语信号为基础。眼神、表情、语调、肢体语言、反应时机和反应程度都属于非言语信号。这些信号所反应的情绪可以被看作"心灵之音"，每个人都可能感受到另一个人的感受。

当共同调节变得困难时

若父母不善于与孩子共同调节，孩子最终会因为长时间处于痛苦的状态而总是受负面情绪的影响。在面对情绪爆发的儿童时，如果成年人也感到无力和消极情绪体验太可怕，就可能会变得愤怒或直接走开。这可能导致儿童的反应因为害怕和感到被遗弃而升级。在孩子高兴和兴奋时也是如此。有时孩子的兴奋表现可能会让父母感到不舒服，父母不但不分享孩子的喜悦，反而讽刺、责备、嘲笑或厉声斥责孩子，这同样会让孩子感到困惑、被遗弃和悲伤。

我们已经注意到，当儿童不能持续与成年人在良好的依恋关系中练习共同调节时，他们长大后就会：

可能缺乏与促进前额叶发育有关的复杂调节模式。他们倾向于回避他人、咄咄逼人或攻击他人，不能积极地与他人一起讨论问题、解决问题，不相信自己能找到解决问题的办法。

安全空间

鲍尔比将主要依恋对象称为"探索世界的安全空间"。主要依恋对象是儿童感受到安全感的首选之地。我们在学步期的儿童身上可以看到，他们会经常离开依恋对象去探索，但会转过身来查看依恋对象是否还在原地注视着他们。有时，他们会跑回依恋对象身边要求抱抱，然后再跑开。这种重复的相聚和检查模式让儿童能自信且又有安全感地去探索。随着他们慢慢地长大，成年人常常是在接他们放学时给予倾听，发现他们的生理和情感需求，陪伴他们入睡。这些陪伴都能增强儿童的内在安全感，帮助他们建立自信。仅仅保证儿童安全是不够的，而是要让他们感到安全。

[保罗的故事]

保罗在家里一直没有安全感，因为他的家里总是鸡飞狗跳、矛盾重重。他在学校里也总是没有安全感，他一到学校就到处乱跑，在别的孩子愉快学习的时候，他却焦虑难安，无法集中注意力。老师安排保罗每天去斯嘉丽太太那里进行一个小时的心理干预，以激活其共同调节的能力。斯嘉丽太太帮助保罗给情绪命名，学习一些让他变得平静的方法，比如呼吸游戏。他们还一起欢笑，一起享受阅读的时刻。很快，斯嘉丽太太成了保罗的安全空间，并且也成了保罗的依恋对象，给了保罗一种安全感。保罗喜欢这一小时的相处，他知道如果他感到不安就可以找斯嘉丽太太，她总是会帮自己再次找回安全感。当保罗升到六年级时，学校不得不慎重考虑如何帮他顺利过渡到中学。这需要在中学给保罗介绍一位可以通过每周的面谈获得其信任的心理老师，以减轻离开斯嘉丽太太给他带来的心理压力。现在，保罗还是会经常回之前就读的小学拜访斯嘉丽太太，与斯嘉丽太太一起翻阅她亲手制作的过往时光相册。

* * *

学校作为安全空间

虽然理想状态是每个儿童都应有一两个依恋对象，但对一些人来说，学校才是他们体验依恋关系的安全空间。在学校，儿童感到被熟悉的成年人理解和照顾，这些人与儿童形成持续且稳定的共同调节关系，让儿童感到平静和安全。对儿童来说，家庭环境有时让他们感到不稳定、难受或不安全，所以他们需要学习在其他环境中形成共同调节。共同调节可以通过刻意练习形成，也可以自然而然地形成。当儿童对学校产生依恋时，我们需要注意以下内容。儿童可以接触到与他们共同调节过一段时间的熟悉的主要依恋对象，因为此时如果发生变化可能会导致依恋关系破裂，进而导致儿童产生恐惧情绪，甚至升级为挑战性行为。对于依恋关系，成年人需要注意依恋的界限，以避免身心疲惫和儿童过度依赖。同时成年人也要认识到，一旦依恋关系建立，就要注意可以增加新的依恋关系，而不是试图替换它。如果儿童觉得自己被依恋对象抛弃了，或者其他儿童有机会接触自己的依恋对象，但他们自己却不能，他们一定会心烦意乱、怒火中烧！学校、青少年组织或其他让儿童可以被成年人理解的地方，都可以促进依恋关系的自然发展，并逐步改变儿童的生活。

对于没有被成年人细心养育和呵护的儿童来说，老师可以促进他们感受积极的体验，这样的体验可以改变儿童的期望。这并不需要花费额外的时间，只要我们意识到，我们的每一次暖心微笑、每一个肯定的眼神、每一份感同身受和每一次温暖相待都可以改变儿童大脑的神经通路，从而改变他们的未来。

那些在家里感受不到安全感的儿童需要去学校，需要被理解，当他们看到自己和同学的照片被展示，他们就能知道当生活变得不堪重负时，总有一些成年人会支持他们、帮助他们，给予他们倾听和关爱。在从小学升到中学的过渡期，要让儿童知道他们可以随时回去体验曾经的依恋对象带来的安全感。由于需要帮助儿童在过渡期整合记忆并思考，所以完成良好的过渡可能需要半年的时间。理想的状态是，儿童在学校的依恋对象定期去新学校探望他们，最好能帮助他们把这种依恋转移到一个新的能照顾他们、理解他们的成年人身上。

当依恋关系出问题时

本书将详细探索依恋关系出问题时的更多细节。

首先，重要的是我们要认识到，完美养育只是一个概念，实际上并不存在。1960 年，英国精神分析学家唐纳德·温尼科特（Donald Winnicott）提出"足够好的养育"这个词将儿童的需求概念化，即儿童从担任主要养育者的成年人那里获得稳定、有效和可预见的依恋需求，但"（成年人）在提供关注和意识方面出现波动是正常的"。温尼科特说："完美属于机器，而人类适应需求所特有的不完美是促进环境发展的一种基本品质。"父母的缺席、反复无常或情感疏离可能导致儿童无法形成健康的自我意识或对父母的安全感，这时儿童就可能会出现基于依恋的创伤。本书将探讨儿童为了生存而采取的应对机制，以及如何帮助儿童从不良的依恋经历中恢复。

然而，一本简单的指南实在不足以深入涵盖这个主题，以帮助有严重依恋困难的儿童完全康复。但对于这类儿童的亲人、朋友、老师和教育者来说，这本书将是一个很好的介绍，让他们了解为什么自己的行为对儿童来说会如此具有破坏性。我们认识到，有严重依恋创伤的儿童往往很难摆脱复杂且严重的应对机制带来的沉重负担，这可能会让照料他们的人也不知所措。本书会解答为什么会出现依恋创伤，以及如何从依恋创伤中恢复。

思考

● ● ● ● ● ● ● ● ● ● ● ●

1. 你的依恋对象是谁？他们对你产生了哪些影响？

2. 你是如何关心孩子的？你认为他们有着怎样的依恋经历？

3. 你与孩子有共同调节的经历吗？

4. 如何帮助儿童获得自我情感调节的能力？

第二章

依恋与脑科学

健康的依恋体验能让婴儿建立自信，并鼓励他们探索自己的世界。依恋是他们学习如何处理压力和恐惧的主要途径，并将影响他们成年后应对这些不良经历的方式。

皮特·A.莱文（Peter A. Levin）和麦琪·克莱恩（Maggie Kline）这样描述主要养育者"调谐"婴儿需求的基本体验：

令人震惊的是，母亲和新生儿之间的情感增加是"开启"婴儿大脑的催化剂，让大脑释放化学物质、蛋白质、酶和其他物质，这些物质塑造了大脑的结构和功能。

生理反应

了解胎儿对威胁和恐惧的自然生理反应，可以帮助我们了解我们是如何应对恐惧的。了解大脑的结构，可以帮助我们理解害怕、威胁和恐惧是如何影响我们的行为的。简单来说，我们的大脑分为三个主要部分。脑干位于头部与颈部连接处，是大脑中最原始的部分。当我们感到恐惧时，我们会做出战斗（攻击或自卫行为）、逃跑（逃走或躲藏）或僵住（不动或将恐惧内化）的反应。当脑干对恐惧做出响应时，会触发一系列其他反应。首先，位于大脑中央边缘系统里的杏仁核会立即发出警报。然后，我们的身体会分泌大量的肾上腺素和皮质醇，以便给我们足够的力量来战斗、逃跑或像被车大灯照射的兔子一样僵立不动。

虽然这种生理反应和额外的能量在我们遇到大熊或狮子时是有用的，但对婴儿来说可不是件好事。因为婴儿感到害怕可能只是因为他们饿了，或者因为哭的时候没得到父母的回应，但大脑可不管害怕的原因是什么，它都会对害怕做出反应。这些大脑反应可能会让婴儿哭得更厉害，让学步期的儿童又打又踢或发脾气，甚至最终可能让儿童与照顾他的成年人变得疏离。如果儿童在学校听到"砰"的一声关门响或食堂里盘子摔碎的声音就害怕地哭起来或跑掉，可能是因为在他们的潜意识里这种感觉就像听到家人争吵或自己哭喊时没人搭理的恐惧一样。这些威胁反应会让儿童的身体释放应激激素和能量，导致他们乱跑乱动、或笑或叫，甚至开始表现出攻击或愚蠢的行为。

生理反应如何影响行为

儿童不知道自己是在对威胁做出反应，也不知道自己是对门的撞击声或盘子摔碎的声音做出反应。他们可能根本不了解自己的感受，因为一旦这些本能反应在大脑中发生，他们的大脑就停止了理性思考。因为当脑干和杏仁核对威胁做出反应时，身体就会释放肾上腺素和皮质醇，这使得我们很难运用大脑中负责理性思考、思维和表达的前额叶皮层。这就是为什么当我们问儿童为何有那些消极的反应时，他们会茫然地看着我们。这也是为什么当我们感到恐惧时，我们会说一些不恰当的话或做一些不妥当的事。当我们感到害怕时，我们的前额叶皮层会"离线"，导致我们做出一些本能的反应。当学步期的儿童饿了的时候，他们可能会大喊大叫甚至打人；我们会在门铃响的时候下意识地想要躲起来，即使我们知道是朋友来找我们喝咖啡；一个学生听说老师点名要见他的时候，即使他知道自己没做任何错事，也会因为害怕而瞬间僵住。大脑的威胁反应会控制我们的身体，试图保护我们远离它所注意到的危险。当婴儿或儿童经历威胁反应时，成年人的反应不应该是拒绝和愤怒，而应该是在温柔抚触他们的同时，用温暖、友善的语调和有益的话语及情感共鸣的态度安慰和安抚他们，这样就能让他们学会自我调节。如果儿童在感到害怕或威胁时得不到安抚，他们的行为和反应就会升级。因为在他们需要帮助的时候没能得到让他们平静和拥有安全感的帮助，这让他们更加恐惧。面对害怕和恐惧，依恋关系是提供早期且持续的安全感和平静体验的关键。

丹·西格尔曾说，

　　当成年人帮助儿童分担消极情绪时，就可以帮助他们减少这些情绪，并减轻由此带来的痛苦。让儿童知道在这些艰难的情感体验时刻，成年人会一直在情感上支持他们，他们就能够学会理解和安抚自己的负面情绪。这就是依恋对象的重要性所在。

催产素的作用

在等待分娩的过程中，当母亲用手隔着肚皮抚摸胎儿、与胎儿说话时，胎儿在子宫内会产生催产素。

由于我们的身体在拥抱、分娩和当两个人产生情感联结时都会分泌催产素，所以它也被称为"爱情激素"或"依恋激素"。如果不是因为分娩过程中会产生催产素，那么极度的疼痛会让分娩率明显下降。也正是这种激素带来的"极致快乐体验"让妈妈们爱上她们的孩子，而不会因为分娩的痛苦而痛恨他们。如果女性在怀孕期间经历了巨大的压力，母体分泌的皮质醇水平就会高于催产素，这可能会伤害胎儿的大脑。女性在生产时情绪一般都很紧张，婴儿由于来到一个比子宫内更寒冷、明亮的陌生世界也感到害怕、紧张，这时我们一定要意识到这两种紧张情绪得不到缓解的长期潜在影响，否则就会导致婴儿产生依恋问题。但愿妈妈们都会为了避免婴儿出现依恋问题，立即以一种温暖轻松的语调安慰初生的宝宝，这能促进妈妈和宝宝的身体都分泌催产素，让宝宝感到安全，也让妈妈感到愉悦。婴儿正是在妈妈的怀抱里开始懂得压力和害怕是可以忍受的，因为妈妈会安抚他们，给他们安全感。这也是为什么妈妈通常是孩子的主要依恋对象，也是孩子安全感和舒适感的来源。

如果遇到剖宫产或母婴分离，致使催产素自然分泌过程受阻，婴儿仍然可以与妈妈建立依恋关系。对于依恋的形成来说，有意识的努力是非常重要的，有很多方法可以帮助新生儿形成依恋，比如让新生儿依偎着带有妈妈气味的衣服。新生儿会对爸爸、妈妈的声音或胎儿时期就熟悉的声音感到亲近。父母经常注视婴儿的双眼，微笑着与其对话能促进催产素的分泌，促进依恋得到良好的发展。

[莎拉的故事]

我的女儿莎拉因为不想离开我总是不肯去上学。每天早上老师从我身边把她拽走时，我们两个人都哭成了泪人儿。我发现，如果我每天戴一条围巾，并一直戴到学校，就可以把这条带着我气味的围巾给莎拉。在莎拉沉浸于学校活动之前，这条围巾可以安抚她。我还送给莎拉一颗心形纽扣，我把它缝在了莎拉的衣服口袋里，这样莎拉就能摸到它的形状和质地。每当她难过或想我的时候，摸摸纽扣她就能想起我有多爱她。

* * *

社会关系

无论是婴儿，还是蹒跚学步的幼儿或再大一点的儿童，当他们彼此愉快相处、一起欢笑并分享快乐的时候，他们的身体也会分泌催产素。在他们的交往中，这仍然是一种非常重要的激素。

大脑的眶额叶皮层区主要处理个体潜意识中的情绪反应和行为，它是大脑的社会关系处理中心。前额叶就像大脑的控制中心，控制着个体的情感反应和冲动。这个脑区只有在个体出生后处于人际关系中时才会发育，研究人员把这种现象称为"经验依赖"。父母或养育者与婴幼儿之间不断重复和持续的共同调节，可以帮助婴幼儿建立一种自然而然发展出来的自我调节情绪和反应的模式。这些体验能促进催产素的分泌及眶额叶皮层的发育。路易斯·科索利诺这样描述健康的依恋关系：

在幼儿经历调节、失调、再调节的循环体验中，父母充当了他们的外部额叶，帮他们驾驭生活中的情绪起伏。当幼儿成千上万次地重复这种经历时就会产生一种无意识的调节体验。

依恋关系的破裂与修复

孩子需要在现实生活中体验和学习什么是依恋关系的"破裂和修复"。在必须对孩子说"不"的时候，如果父母看起来很生气，就会让孩子产生害怕和被遗弃的感觉。除非孩子通过自己的亲身经历慢慢地了解到情感联结的短暂破裂是可以修复的。如果这种修复是快速且真诚的，就会促进孩子的身体分泌大量的催产素，从而建立起健康的依恋关系。如果父母过度积极或焦虑，孩子一哭或一有需求就立刻满足他们，那么孩子其实并没有体验到情感联结破裂后被修复的喜悦，并且不了解情感联结短暂破裂的状态，他们会因此变得焦虑。所以，如果情感联结的破裂是自然而然发生的，而不是重复发生或由父母疏忽导致的严重情况，只要成年人用真诚、温柔和感同身受的态度去修复，并在必要时向孩子道歉，孩子就能在轻微的情感破裂中放松，并且相信依恋关系很快就能被修复。孩子应该学习建立一种普遍的信任，相

信他们的需求会被满足，相信情感联结破裂后会被修复。苏·格哈特（Sue Gerhardt）认为，

就像父母的表情会让孩子的身体分泌皮质醇一样，皮质醇的消除也有赖于父母表情的改变。幼儿无法通过自我调节消除皮质醇，所以如果父母不恢复与幼儿的情感共鸣和调节，幼儿就会一直处于应激的状态。

这样的破裂和修复可以加强依恋关系。

思考

1. 当一个儿童感觉受到威胁时，你觉得他会表现出哪些行为？
2. 什么样的化学物质会加强依恋关系？如何让身体释放更多这类化学物质？

第三章

依恋关系和依恋行为

　　形成依恋的基本能力对于人类社会关系来说必不可少。我们知道，儿童在与耐心且敏感的养育者的反复互动中能够建立安全的内部框架，这个框架建立在养育者在潜在的恐惧中可以帮助儿童减少压力并提供安全感之上。

　　在理想情况下，儿童需要一到两个主要养育者帮助他们了解这个世界是安全的，他们是被爱的。正是在这些成年人的面前，他们开始找到自我同一性。这是因为他们在情感上有勇气和信心探索"世界"，探索自己是谁，别人如何回应自己，自己喜欢什么、害怕什么，然后回到自己的安全空间。在婴儿时期，他们在这个成年人面前确实感到安全和被爱。如果儿童只是简单地被告知他们是值得被爱的，而没有对话、微笑、眼神交流和相视而笑等面对面的交流，这些话语的影响就会很微弱，无法深入他们的核心自我意识。

　　在本章中，我们将探讨如何建立良好的依恋关系和发展健康的依恋行为。在后续的章节中，我们还将探讨依恋关系的修复。所以，如果你在阅读本章时发现你的孩子没有积极的依恋经历，也不要惊慌。

依恋的四个阶段

1964 年，H. 鲁道夫·谢弗（H. Rudolph Schaffer）和佩吉·E. 爱默生（Peggy E. Emerson）研究了 60 名格拉斯哥婴儿及其依恋行为，并且得出结论，婴儿的依恋分为四个阶段。第一个阶段是 0 ～ 6 周，他们和周围的人没有明显的区别，这一阶段被称为"非社交阶段"。第二个阶段是 6 周 ～ 6 个月，他们把这个阶段称为"不加区分的阶段"，婴儿在这个阶段可以把人区分开，但不害怕陌生人，能与熟悉的成年人形成依恋关系。50% 的幼儿在出生后的 25 ～ 32 周时形成这种特殊的依恋关系。第三个阶段是幼儿大约 7 个月大的时候，当与主要养育者分离及与陌生人在一起时他们会表现出痛苦的迹象。第四个阶段是幼儿大约 10 个月大时，他们会有更多的依恋对象。到 18 个月大时，31%的幼儿会有 5 个或 5 个以上的依恋对象，如祖父母等。有许多其他研究也证明了依恋有类似的阶段性特点，这些可以帮助我们了解婴幼儿依恋关系发展的规律及他们对周围世界的理解。

实际上，婴儿时期是儿童学习如何与生活中的其他人相处的阶段。苏·格哈特这样描述这段时期：

父母最频繁的行为将作为与孩子建立联系的向导而铭刻在他们的神经通路中。这些重复的经历转化为学习。就涉及情感的神经通路而言，主要包括学习如何处理亲密关系中的期待。

虽然这是对早期经历如何改变我们神经通路的有力描述，但作为一名心理治疗师，我有幸看到，随着其他重复经历占据主导地位和早期经历被编辑、加工，我们的神经通路也随之发生变化。

依恋和联结的区别

"联结"这个词经常被用来描述婴儿和母亲之间的早期关系，但它是一个与"依恋"截然不同的概念。"联结体验"是由马歇尔·克劳斯（Marshall Klaus）和约翰·H.肯内尔（Hohn H. Kennell）于1976年提出的，它与早期的肌肤接触及母亲对孩子的感情有着内在的联系。联结似乎仅仅是作为亲密家庭成员之间的功能，而依恋则是指当孩子感到不安或需要安慰时，成年人是他们的情感安全空间。因此，依恋关系的质量不能通过孩子与父亲踢足球来评估，因为"踢足球"背后可能包含任何复杂的情况，父亲扮演的可能是游戏伙伴的角色，而不是提供情感安全空间的成年人。也不能通过看到孩子吃健康的食物就评估其依恋关系是健康的，因为父母可能只扮演了满足孩子身体健康需求的养育者角色，而很少关注孩子的依恋体验。父母作为孩子安全感的来源，孩子是否能够感受到与父母之间的情感联结呢？依恋关系的健康与否甚至不能通过孩子在与父母分开时是否表现出分离焦虑来衡量。因为，在离开安全感来源时孩子确实会感到害怕，但同样，他们也害怕父母反复无常、不守信或伤害自己爱的人。所以，我们很难说是哪一种原因导致了分离焦虑。因此，我们需要从更多的维度评估依恋的质量，而不是只展示孩子和父母之间的关系。

情感共鸣

情感共鸣是一种与他人及其感受产生共鸣的方式。在与婴儿、儿童和其他人相处时，情感共鸣是一项重要的技能。这是一种能够注意到我们周围的人及其反应，然后做出相应反应的能力。一个善于与他人情感共鸣的人会注意到对方未说出口的情绪状态，并调整自己的情绪、心情、肢体语言、语调和反应，以便以一种能够建立情感联结的方式与对方沟通。

科尔比·皮尔斯（Colby Pearce）这样描述情感共鸣：

是指依恋对象通过与婴儿表达的情绪产生共鸣，将同样或非常相似的情绪反应反馈给婴儿的过程。这种与婴儿情感体验的联系是依恋对象通过语调、面部表情和手势建立起来的。

当父母能够与婴儿的需求产生情感共鸣，通过配合婴儿的情感反应并用温暖、体贴的语气进行表达时，婴儿就能够在成长中感受到更多的理解和安全感。当父母与孩子进行情感共鸣，并注意到孩子没有说出口的感受时，孩子就更有可能敞开心扉，更坦诚地表达自己的感受和发生的事情。通常，晚餐时间是观察学龄儿童内心世界的一个好时机，我们可以通过观察他们的面部表情、肢体语言和谈话气氛判断他们的表现。有时吃东西会改变孩子的情绪，有时孩子需要作为成年人的我们帮他们创造探索的空间。

作为一名培训师，我需要和听众产生情感共鸣，如果我没有留意听众需要中场停顿的微弱信号，他们就会对我的讲课内容失去兴趣。对我来说，更重要的是观察听众的反应，注意他们是否跟上我讲课的节奏，而不是一味地坚持我的教学计划。只有通过这样细致的观察，我才可以照顾到听众的需求。

常与依恋理论和情感共鸣理论一起被提及的另一个理论是心智化，于 2002 年由皮特·福纳吉（Peter Fonagy）及其同事提出。心智化是指个体理解自己的心理状态、感觉及其产生原因的能力。养育者亲自示范如何理解自我感受，并引导孩子理解他们自己的感受，这似乎成了孩子情绪调节的坚实基础。若孩子在早年没有反复从成年人那里得到这样的示范和引导，他们就很难理解自己并反思自己的经历。这不仅会导致他们总是纠结于自己的感受，也会导致他们很难理解他人的感受。

如何加强与孩子的依恋关系

　　要想加强与孩子的依恋关系，最主要的因素是情感联结和及时回应，以及针对处于不同年龄阶段的孩子给予我们的支持。情感联结需要花时间积累和发展，而多次分小段时间的情感联结比一次长时间的情感联结的效果更好。如果婴儿知道主要养育者会始终以一种呵护的方式对他们的痛苦快速地给予回应，他们就会觉得可以长期和这个成年人分享和探索自己的感受。当他们的需求没有以呵护的方式被迅速地满足时，就会导致他们发展出应对机制，进而阻碍其他亲密关系的发展和情感表达。随着孩子年龄的增加，我们仍然需要关注和及时回应他们，并让他们感受到与我们的情感联结。

[约翰尼和妈妈的故事]

　　约翰尼 8 岁了，他喜欢玩游戏，喜欢火车，但他不愿意主动交朋友，宁愿自己一个人玩。当别人打断他的游戏时，他就会生气，所以很少有孩子愿意和他一起玩。妈妈想叫约翰尼吃饭的时候，总是大声地喊他，但约翰尼经常无动于衷。妈妈总是非常及时地满足约翰尼在生活方面的需求，但他们之间能让约翰尼感受到被倾听和学习协商的交流很少。在和一个朋友一起喝咖啡的时候，约翰尼的妈妈意识到自己的母亲总是很好地满足她的生理需求而忽略她的情感需求，现在她在约翰尼身上重复了同样的养育模式。之后，在叫约翰尼吃饭的时候，妈妈试着不再大声地喊约翰尼，而是走过去并蹲下来同他和他的火车一起待一会儿，然后再叫他去吃饭。果然，约翰尼高高兴兴地和她一起去吃饭了。约翰尼的妈妈意识到，她通过微笑和蹲下这样的小动作，让约翰尼觉得与妈妈有了情感联结，他感受到了被倾听和被重视。在妈妈改变交流方式之后，约翰尼很快就能更好地与其他孩子互动，并且每天和妈妈聊得也更多了。

* * *

与孩子建立情感联结，成为孩子的情感安全空间的要点有以下几个。

- 不要忽视孩子对关注的需求——如果你需要过一会儿才能回应他们，也请先看着孩子的眼睛并告诉他们。成为孩子的安全空间，给他们安全感。

- 总是把孩子往好处想。当孩子的行为令人十分恼火时，请深呼吸并放松，坏情绪很快就会过去。

- 全方位运用你的表情、眼神、身体姿势和语调来表达情感。了解孩子需要从你这里获得什么以帮助他们感到安全和平静。

- 不要过于紧张、焦虑或害怕出错。一切都会好起来的。当事情变得糟糕且你开始紧张的时候，想象自己将这件事讲给别的家长听且你们一起大笑的场面。先别笑——记住，没有人能做到完美养育，尽力就好！

- 和孩子一起玩。根据孩子的年龄和兴趣，找到和他们一起玩的最佳方式，并找到一些你们可以共同享受的乐趣。

- 符合孩子的年龄。找到适合孩子年龄的沟通语调和游戏风格。当孩子做好长大的准备时，不要苛求他们"年轻、可爱"；也不要在他们的年龄还很小、远不到承担责任的时候，让他们觉得自己已经长大了。

- 肯定并表扬孩子做事的具体细节，这样他们就知道你在关注并关心他们。

依恋的类型

当儿童没有从主要养育者那里获得共同调节和情感共鸣的体验时，他们就会出现依恋困难。我们要意识到，虽然我们为许多父母因为缺乏与依恋相关的知识，或者因自身的创伤经历和不良成长环境导致他们缺乏依恋能力感到悲哀，但我们决不能责怪或羞辱他们。很多父母都希望能给孩子提供健康的早期体验，但因为恐惧、糟糕的人际关系、贫困、压力、心理健康问题、早期心理创伤或突发状况，他们有时也无法如自己所愿。生活不易，责备自己或羞辱他人并不能帮助我们自愈或变得更坚强，所以当我们前行时，请记住，父母当时可能已经尽力了。

安斯沃斯使用陌生情境实验研究依恋行为，并提出了四种依恋类型：

- 安全型；

- 回避型；

- 矛盾型；

- 混乱型。

在前文中我们已经探讨了安全的依恋行为是如何形成的。

从本质上说，人们的其他消极行为都是由于婴幼儿时期的生活经历引发的困惑和痛苦造成的。

依恋类型如何影响儿童的行为

当儿童努力试图理解成年人和周围的世界时，他们会通过行为而不是语言来传达自己的不安或恐惧。由于内心存在焦虑、恐惧、困惑、沮丧、愤怒和悲伤等情绪，有依恋困难的儿童通常会在和成年人的关系中遇到困难。

实际上，恐惧情绪导致的行为表现可能是多种多样的，如孤僻、害羞、好斗、控制欲强、对别人刻薄、大喊大叫或令人讨厌。愤怒的背后实际上是个体感到害怕、恐惧或悲伤等情绪。

不良的依恋关系体验会导致儿童形成一种内部工作模式或内部图式，致使他们在这种不良体验的基础上与他人建立联系。于是儿童会认为所有的成年人都像他们的依恋对象一样，是混乱、易怒、不值得信任、无法形成情感共鸣或对自己冷淡的，所以，他们只能在没有安全感的情况下试图探索自己的世界。当儿童因悲伤引发的某些行为被其他成年人批评和拒绝时，他们在早期经历中形成的不安全依恋往往会被再次强化。

儿童都渴望找到一种让他们感到安全、可以探索自己是谁和世界意义的依恋关系，但是他们不知道如何建立这样的关系，甚至不知道可以建立这样的依恋关系。就像有句谚语所说的："最需要爱的人以最无爱的方式寻求爱。"

不健康的依恋行为

回避型依恋行为

表现出回避型依恋行为的儿童通常显得很独立，似乎完全不受其依恋对象的影响。当他们感到沮丧的时候，并不倾向于从依恋对象那寻求安慰。他们对依恋的内在信念也许是"反正我不需要任何人"。属于回避型依恋的儿童通常会隐藏自己的情绪，他们的焦虑和绝望往往不会被周围的成年人注意到，直到他们长大后情绪才开始爆发，或者当他们遭遇压力和恐惧时会变得情绪化。

矛盾型依恋行为

表现出矛盾型依恋行为的儿童通常特别黏人，很难安抚。他们可能表现为自卑、沮丧、易怒和黏人。他们对依恋的内在信念可能是"我真的很难过，不要离开我；我真的很害怕，帮帮我"。为了寻求关注，矛盾型依恋的儿童经常夸大自己的情绪或行为。他们总是需要被关心他们的成年人时刻关注，并且迫切希望与成年人产生情感联结，所以他们会用愤怒和捣乱来隐藏自己的无力感和恐惧。

没有父母故意让孩子发展出不健康的依恋行为，通常父母已经尽力了，但由于他们在儿时缺乏与成年人的积极依恋体验，所以他们自己也没有掌握给孩子提供重复性安全关系的工具。如果成年人没有经历过与主要依恋对象的共同调节，他们也很难与自己的孩子形成共同调节。这会导致孩子产生消极的依恋行为。格哈特认为，

> 如果父母由于种种原因很难对孩子做出充分回应的话，孩子往往会形成不安全的依恋关系。这主要是因为父母将自己的情感调节困难传递给了孩子。父母自己在婴儿期的需求没有被满足，因此也没有能力满足自己孩子的需求。

混乱型依恋行为

自从混乱型依恋关系被提出后，这个概念及如何识别它引起了人们的诸多讨论，尤其是近些年。"没有解决方案的恐惧"最初是指发现婴幼儿在第一眼看到父母或在本该从父母那里寻求安慰或保护时，比

如听到一声巨响或狗叫时，却对父母表现出奇怪、困惑、对抗甚至恐惧的行为。表现出这些行为的儿童通常被认为存在潜在的混乱型依恋的倾向。然而，现在研究人员认为这些行为的原因可能没那么简单，可能是由于婴幼儿感到害怕，但原因也可能在照顾他们的成年人身上，比如成年人抑郁或经历了亲人去世。

研究人员还认为，那些被认为是混乱型依恋的行为也可能受其他因素（如儿童的个体差异或遗传因素）的影响发展为其他形式。

正如本书所探讨的所有依恋行为一样，儿童、青少年和成年人都可以随着大脑神经通路的改变而改变对关系的潜意识期望和理解，进而促使行为发生改变。

如果这些行为令你担忧，一定要记住这本书的目的是帮助成年人反思和学习，以便懂得向专业人士寻求帮助，并且能够理解儿童面临的挑战和帮助他们。最好有一个能和儿童建立依恋关系的成年人照顾他们，并且有可以对儿童依恋情况的变化和恢复进行正规临床评估的专业人士。相关内容可以参见施明斯和约翰·鲍尔比的相关论文。

有些儿童会在他们可能会被成年人拒绝前先拒绝成年人，这些儿童需要从依恋关系中找到一个能长期对他们保持耐心、友善，呵护他们，而且能与他们建立情感共鸣的成年人。即使这个成年人被儿童拒绝、讨厌和伤害，也会包容他们。

另外，克里滕登认为，没有所谓的"混乱型依恋"，儿童在面临危险时的行为方式只是为了保护自己。"依恋"不是问题所在，"危险"才是。因此，她断言，那些在依恋关系中表现出混乱和反复无常的儿童，一般是根据什么能最大限度地满足他们的需求来行事，他们会从一种依恋行为转向另一种依恋行为。因此，他们的依恋行为具有很强的适应性。

[扎克和妈妈的故事]

在我的养子扎克刚刚 18 个月大的时候，我发现他和别的婴儿不同，他一点儿也不黏我，在小组游戏的时候也不会主动找我，甚至不会盯着我看或享受我的拥抱。他看起来一点儿也不喜欢我陪他玩游戏、阅读或聊天。他总是看起来很慌张，从来没有表现出放松或平静的状态。他变得越来越难相处，这让我觉得筋疲力尽。

我意识到这可能是依恋困难，也知道婴儿因为经历过心理创伤和被忽视很难与养父母建立依恋关系，他们会认为养父母只是另一些可能会抛弃他们的成年人。虽然他们还很小，但在内心深处却已经坚定地认为能相信的只有自己。

我开始有意识地抓住每一个机会去爱扎克，并坚持不懈地向他表明我爱他。这很难，并且一开始似乎并不奏效。由于扎克总是喜欢捣乱和不能"正常"交往，他变得越来越无法和他人相处。我们必须始终坚持爱他，并找到方法让扎克知道我们永远不会离开他。当扎克的语言能力提高时，这变得容易了一些。扎克变得更能用语言表达自己的情绪、理解自己，然后变得不那么混乱和反复无常了。而且，扎克开始对我们表现出温暖，他在进行治疗时能表达内心的一些恐惧，并与我和心理治疗师一起调整这些情绪。现在扎克 11 岁了，已经是一个很棒的孩子。虽然扎克仍然会有摇摆不定的时候，但他的情商很高，也能表达自己的需求，这真的让我为他感到骄傲。

* * *

如何发展健康的依恋行为

儿童的大脑在 5 岁前具有很强的可塑性，对新环境有超强的适应能力，也正因为如此，幼儿正处于发育中的大脑就有可能发生巨大的变化。当他们重复新的经历时，他们的大脑就会形成新的神经通路，他们的行为、情绪和潜意识反应也会相应地发生改变。

当儿童与主要养育者经历过焦虑或矛盾型依恋时，如果他们能体验与成年人之间持续、积极、肯定且充满关爱的关系，他们就能学习新的依恋行为。

我们在前文中介绍过共同调节和情感共鸣是帮助儿童发展健康大脑、潜意识和未来的有效途径。在接下来的章节中，我们将探讨如何帮助经历依恋创伤的儿童建立积极的依恋体验。

思考

1. 当他人认真倾听你的讲述时，当他人与你发生情感共鸣时，你的感觉如何？
2. 你的依恋行为属于哪种类型？
3. 为了让孩子与你在一起时有安全感，你能做些什么呢？

第四章

父母对依恋关系的影响

对于成年人来说，生活本来就充满挑战，要应付工作和人际关系，还要承担各种责任，再加上养育子女，简直让人很难保持冷静和坚定。贫穷、失业或工作压力都可能让养育子女变得越发艰难。当生活轻松又平静的时候，我们更容易全心地投入养育孩子的过程中；而当生活充满压力时，养育孩子就会让我们筋疲力尽。对于父母来说，应对和理解孩子所有的感觉、想法和体验的时间变得十分有限，在这样的状态下，父母做一些重建依恋关系的事情也就不那么有效。这可能导致父母感到焦虑、抑郁，并且无比艰难地应付孩子的需求。另外，成年人自己的依恋模式也会对他们与孩子建立依恋关系产生巨大的影响。我们需要花时间反思自己的依恋经历，这样我们才能有意识地与孩子建立健康的依恋关系，而不会陷入无意识的行为模式。

焦虑型父母

如果父母感到焦虑，孩子也会受到影响并采取与父母类似的生活方式。焦虑会限制孩子的勇气和自由，当孩子感觉到父母的焦虑时，他们就很难保持无忧无虑和天真。孩子在焦虑的氛围中会学会焦虑，他们会发现很难从主要依恋对象那里获得安全感和信任。如果父母能够花一些时间调节自己的情绪、感受和体验，就能够更好地带给孩子一个远离焦虑的童年。西格尔认为，

　　……你有没有注意到，当你感到紧张或压力过大时，你的孩子也会这样？科学家称之为"情绪传染"。他人的内在状态会直接影响我们的心理状态，无论快乐、欣喜，还是悲伤、恐惧。别人的情绪浸润了我们的内心世界。

控制型父母

直升机式养育（控制型父母）是育儿焦虑的一种表现。在这种育儿方式下，孩子没有离开父母或养育者并探索世界的自由，而是被告知或被强迫留在养育者身边。这是因为成年人害怕发生不好的事情，而宁愿试图靠控制保护孩子和预防危险。虽然这听起来像在关心和爱护孩子，但实际上却阻碍了孩子学习适应生活和独立的能力。直升机式父母在向孩子传达一种信息，因为他们可能会遭遇危险，所以他们不能去探索，而应该和父母在一起。虽然我们应该让孩子在成长的过程中建立边界感，但直升机式养育却让孩子过早地体验了对世界的焦虑，这对孩子可能会造成伤害。妮可·B.佩里（Nicole B.Perry）等人关于对学步期儿童进行控制型养育的研究发现，由于缺乏选择和决策的能力，这类儿童更渴望独立，这往往会使他们面临更大和更复杂的情感问题，随着年龄的增长可能导致他们缺乏自我调节的能力。佩里等人的研究发现如下。

> 如果父母试图过度控制孩子，甚至在孩子尝试独立应对困难之前介入，或者让孩子远离令人沮丧或可怕的环境，这可

能会在无意中阻碍孩子独立自我调节能力的发展。例如，如果控制型父母把孩子从一个需要与同伴互动，需要控制自己的情绪、行为并分享玩具的状况中拉出来，那么孩子就无法发展出独自进行同伴交往的能力。

有些父母或养育者会过度渴望让孩子实现他们儿时的遗憾，我们称之为"延续父母的人生"。这样，孩子会为了满足主要依恋对象的期望而感受到巨大的压力，并会因为"没满足他们"或"让他们失望"而感到焦虑。这种焦虑对于孩子来说是难以言语的"隐秘"焦虑。我们需要强调的是，我们的目标是帮助孩子成为最好的、独一无二的个体，而不是任何人的复制品。

作为孩子的依恋对象，如果我们拥有调节情绪的能力和良好的情商，我们就能更好地帮助他们。如果我们能很深入地了解自己内心的想法、生理和心理的反应及防御机制，就能更有效地引导孩子发展情商。在前文中我们介绍过，成年人提供的持续性情感支持和情感联结是所有依恋关系的重要组成部分。对于缺乏这个重要部分的孩子来说，他们可能会缺乏情感素养和情商，并且还会对悲伤、孤独、遗弃感和困惑等负面情绪非常敏感。如果父母或养育者实在难以给孩子提供如此重要的体验，那么可以让其他成年人来满足孩子的这种心理需要。如果能以这种简单的方式解决这个难题，孩子就不会有被拒绝的感觉。

专制型父母

如果孩子在成长过程中伴随着对父母发怒的恐惧或对父母行为的不满，他们将很难建立健康的依恋关系。如果父母主导一切，认为孩子没有值得被倾听的意见，孩子就会感到无力和被忽视。虽然在专制型父母主导的家庭背后往往隐藏着孩子的愤怒，但孩子会敏锐地察觉到父母不悦的表情，并明确知道父母期待什么样的行为。当孩子被恐惧裹挟时，无论他们是否意识到自己的恐惧，都会因为害怕愤怒、失败和不被认可而努力与成年人建立积极的依恋关系。

当父母自己的情感需求过于强势时，孩子的需求就无法得到满足，这也会导致孩子难以学会调节自己的情绪。然而，如果儿童体验过成年人持续重复的关怀和与成年人的健康关系互动，那么他们就能够对人际关系产生信任感，从而拥有探索更多人际关系和新情境的心理韧性。

父母缺乏边界感

如果在孩子成长的过程中，父母一直是他们的好朋友，孩子也会感到困惑和害怕。孩子需要父母承担相应的责任，并在行为上保持明确的边界感。如果父母没有担负起相应的责任，比如对孩子放任不管或认为孩子自己会最终学习长大，孩子就会感觉自己承担了太多的责任，感觉自己没有得到足够的指导。儿童需要成年人的引导，并帮助他们理解这个世界，这些都需要成年人花时间陪儿童聊天、玩耍及共同调节他们的情绪和反应。

情感缺席型父母

当父母对孩子漠不关心的时候，孩子就会有被厌弃和抛弃的感觉。即使孩子的基本生理和生活需求被满足，如食物、水、玩具和教育等，他们仍然需要情感联结才能保证情感方面的健康。如果儿童没有一个持续不断给予他们关注、陪伴和呵护的主要养育者，那么他们就会形成功能失调的应对机制，以应对健康情感体验的缺失。如果父母能帮助孩子探索他们的感受和体验，就能帮助他们在积极的关系中发展出积极、坚韧和健康的情感素养。情感上缺少主要养育者的儿童往往不知道自己缺少什么，而是通过其他方式来填补内心的空虚，或者封闭自己的情感，从而变得情感麻木。

[忙碌家庭的故事]

　　我们有三个孩子，我们真的非常爱他们，并非常希望自己能成为好父母。由于我们期望自己尽力做到最好，因此我晚上在家加班赚外快，同时我爱人也工作到很晚，这样我们就可以给孩子们买他们想要的东西。生活就是如此。我认为我们是一个很正常的家庭，一切似乎都很好，直到两个大一些的孩子开始经常生气、不听话、和我们唱反调。他们的表现似乎越来越糟了，因为他们开始表现出一些令人头疼的行为，比如喜怒无常、逃跑、尖叫、说恨我们等，这让我们感到非常的震惊和窘迫。育儿指导师帮助我们反思我们与孩子们的相处过程，这给我们带来了很大的帮助。我们意识到，老二可能总有被排挤的感觉，但我们实在没有时间陪伴他。另外，因为我们真的很累，甚至经常累到病倒，不得不卧床休息几天，我们忽略了这让老大感受到了很大的心理压力。虽然老大只有 8 岁，但她已经为我们这个家承担了很多责任，而我们因为太专注于为孩子们提供物质需求而忽略了这些。随着我们越来越了解主要依恋对象的重要性和孩子的情感联结需求，我们开始重视陪伴孩子的问题。我们陪孩子们玩游戏，并在他们说话时认真地倾听。我们陪大女儿出去喝奶昔，并为让她感受到本不该由她承受的压力道歉，让她感到被尊重。现在，孩子们完全变了，他们又开心起来，他们会在想要我们陪伴的时候直接跟我们说，即使我们已经有了定期的每周陪伴时间。有意识地陪伴孩子对我们的家庭产生了巨大的影响。

* * *

孩子"早当家"

在为生存而挣扎的父母身边长大的孩子，通常都承担了照顾成年人的角色。但人们在讨论家庭的实际任务时往往认识不到这一点，成年人往往自行其是。孩子感觉自己是整个家庭的情感支撑，这听起来似乎十分有爱，但其实这对孩子十分不利。这会让孩子感到困惑，因为实际上他们和父母交换了角色，替成年人承担了他们应该承担的责任。这样之所以对孩子不利，还因为"早当家"不仅会剥夺孩子无忧无虑、天真无邪的童年，并且会变成他们的一种固有的社交方式，在之后的人生中总是承担他人的责任。

孩子遭受家庭虐待

毫无疑问，当孩子遭受到本该呵护他们的成年人的虐待时，他们受到的伤害是巨大的。这常常会导致孩子出现依恋困难。因为，在这种情况下，孩子既需要父母，想敬重父母，又因为被父母忽视或伤害而惧怕他们。我们将在接下来的两章中对此进行深入探讨。

思考

1. 你要注意哪些消极的依恋行为？

2. 你认为孩子最需要你做什么？

3. 你是如何抽空反思自己的内心世界和情感健康状况的？

第五章

依恋创伤

随着被诊断为依恋障碍的儿童的数量增多及"依恋"一词使用频率的增加，人们普遍认为了解依恋就是了解创伤。理解"依恋"与"创伤"的关系是全面把握儿童心理健康发展的关键。依恋理论让我们发现孩子的内在能力建立在与成年人之间安全、值得信任并相互理解的关系之上。有些孩子因为缺乏早期体验而出现依恋困难；有些孩子虽然没有经历过积极的依恋关系，但他们能很快适应并享受这种关系；而另一些孩子则会因为他们的主要依恋对象而遭受心理创伤。当孩子因依恋对象而遭受心理创伤时，创伤的程度往往很严重，通常孩子的行为会很明显地表明这一点。如果这时孩子出现依恋困难，那就是创伤造成的。也有些孩子虽然遭受了心理创伤，但仍然拥有积极健康的依恋关系。所以提供基于依恋的心理干预不一定能减轻心理创伤的症状，实际上还可能引起一些心理混乱。

忽视和虐待对儿童的影响

对依恋的影响

如果主要养育者和依恋对象对儿童的生理或心理疏于照顾，就可能给他们造成心理创伤。这会让儿童陷入一种特别矛盾的情感中，既感受到对父母的爱与归属感，又感受到悲伤和被厌弃。当儿童被负责照顾他们的人虐待时，导致的后果是他们会对安全和信任产生困惑，由于没有人可以信任导致他们形成复杂的防御机制。格哈特这样描述被父母忽视或虐待的状况：

> 最具破坏性的儿童往往是那些试图压抑自己情感的儿童，这听起来似乎自相矛盾。但是，在学校里，最具攻击性的不是那些应激激素高的男孩，反而是那些应激激素低的男孩。可能他们自己都没有意识到，他们的愤怒在内心慢慢地集聚。这可能源自早期的忽视或长期的敌意，进而影响了他们的应激反应。

对人际关系的影响

如果儿童和成年人相处的主要经历要么缺乏关心和情感共鸣，要么惧怕被自己应该信任和亲近的人伤害，那么他们的情绪、人际关系、学习和身心健康都会受到长远的影响。儿童无法做出"好的选择"，也无法原谅父母并理解他们的行为。儿童无力又脆弱，他们幼小的身体无法承受生理威胁反应，从而给他们留下了强烈的情绪和生理反应。这些强烈的情绪会让儿童尝试可以保护自己的自我防御行为，以让他们在面对恐惧时能生存下来。儿童自我防御的消极行为导致成年人对他们产生更强烈的厌弃和愤怒，这时，儿童为了躲避需要被压制的内心的恐惧和脆弱感，他们的情绪反应会变得更强烈，行为变得更加不顾一切。他们迫切需要成年人理解这些紧张的状况并耐心地了解他们，这样才能把他们从恐惧的状态中解救出来。学会信任一个成年人对这类儿童来说是一个巨大的挑战，这会让他们产生一种生存受到威胁的无助感和脆弱感。尚塔尔·西尔（Chantal Gyr）等人发现，

虐待对儿童依恋的发展影响巨大。无论依恋对象是施暴者，还是兄弟姐妹虐待案中的潜在施暴者，或者没能保护儿童不受犯罪者伤害的成年人，由于他们既是孩子在压力和焦

虑时寻求保护的对象，又是恐惧的来源，所以会给孩子造成
几乎无法消解的恐惧。

对情绪的影响

当儿童依赖成年人保护并慢慢地引导他们，实际却在与成年人的相处中体验到恐惧和困惑时，他们就会产生强烈的情绪反应。儿童不得不应对恐惧、愤怒、沮丧、悲伤以及被抛弃、孤立和伤害等各种强烈的情绪。如果儿童在表达自己的感受后遭受了更强烈的厌弃、责骂和侮辱，那么他们就会把这些情绪埋在心底，以求表面的平静。通常，儿童会告诉我们其内心感受到的"火山"，其实就是上述被埋藏的强烈情绪。当儿童继续他们的日常生活、上学，试图满足自己对爱、关怀、食物和睡眠等基本需求时，这时被成年人伤害而产生的强烈情绪可能会让他们"爆炸"。

当儿童遭受情感上的忽视时，他们通常会更加困惑，缺乏对"正常的养育"的理解可能会使他们为父母的养育方式辩护。然而，当儿童在父母的忽视下长大时，他们要么退缩，变得独立和自给自足，要么说话变得越来越大声，直到引起父母的注意。格哈特的研究发现，

在研究依恋的相关文献中，被描述为"抗拒型"依恋的儿童一般会夸张地表达自己的情绪。他们这样做是对父母的心烦意乱、只顾忙碌或心不在焉做出的回应。儿童通过夸张的表现吸引父母的注意，但他们永远不知道在自己需要的时候是否能得到安慰。

对行为的影响

当儿童试图应对恐惧和困惑等强烈情绪时，当他们苦于缺乏成年人的关注而不得不坚持确认自己的需求应该被满足时，他们的行为就会表现出对生存的焦虑和忧心忡忡。在与生存无关的任务上，他们可能很难集中精力，对人际关系和他人的期望也表现出恐惧。处于生存模式的儿童常常处于无止境的恐惧循环中，他们的行为导致成年人惩罚他们，而惩罚又加深了他们的恐惧，从而导致更可怕的行为，进而又导致更严厉的惩罚……因此，他们经常被贴上"坏孩子"或"难以相处"的标签，或者被给出某种诊断，这对他们想得到爱、关心、共鸣和鼓励的核心需求毫无帮助。科索利诺曾描述过这种情况。

她被恐惧裹挟，无力思考自己行为的后果。这种无休止的模式让她感到羞愧又孤独。

[乔的妈妈的故事]

一个朋友建议我去参加一项名为"自由"的项目，之后我开始慢慢地明白，我的丈夫戴夫打我或吼我和小孩是不对的。我意识到我们都害怕戴夫，而我的大儿子乔真的深受其害。乔爱爸爸，但他总听到戴夫骂我和看到戴夫打我，他自己也曾被打。乔就像他的爸爸一样用同样的方式对我，而且他总是很愤怒。我需要有人帮我摆脱这种状况，也需要有人帮乔弄明白他对我和爸爸的困惑。这很难，因为乔让我想起他的爸爸是怎么对我的，这让我感到害怕。我也在接受治疗，我明白乔需要我与他共同坚持，帮助他恢复平静和找回安全感。

* * *

对学习的影响

当儿童很难相信成年人会照顾自己时，他们往往很难集中精力学习。如果儿童难以信任成年人，忙于寻找方法弥补自己未被满足的需求，那么他们可能会焦躁不安、无法集中注意力，表现得容易分心和好斗。由于儿童的原始本能控制了一切，所以他们无法用前额叶皮层进行思考和学习。他们也可能表现得孤僻、安静、爱做白日梦或者很独立，因为他们不信任别人，只是专注于生存和满足自己的需求。当老师能够持续友善地理解和关怀他们、呵护他们，与他们共情时，他们的恐惧就会减少。但需要注意的是，这些脆弱的儿童还需要专业人士帮助他们改善潜意识中固有的情感、记忆和内部应对机制。优秀的治疗师可以处理这些问题，从而改善儿童的行为，提升他们的学习能力。当儿童对与成年人的关系感到困惑和没有安全感时，这会使他们的大脑处于生存模式，即只专注于生存。因此，"如果儿童的神经生物学角度的情绪状态发生了改变，那么他们就会处在随时准备应对生存威胁的状态，从而很难投入到学习中。"

如何帮助儿童建立安全感

心理创伤对儿童的影响涉及生活的多个层面，但通过适当的专业干预，创伤可以复原，伤害也可以消除。在《儿童心理之谜：心理创伤，如何避免伤在童年》一书中，我对心理创伤的影响进行了更深入的探讨，其中也介绍了一些可以帮助遭受心理创伤的儿童康复的活动。

以下是一些可以帮助儿童在课堂和家庭环境中建立安全感的建议。

- 儿童不会轻而易举地就相信你作为成年人会保护或真正关心他们，所以不要认为说一些安慰的话就能让儿童放心！

- 这种不信任通常会让儿童有很强的控制欲，或者表现为目中无人、专横跋扈，或者表现为退缩、安静和顺从。你可以给儿童分配任务和选择的机会，询问他们的意见，并适时表达不同的意见。如果你是父母，请一定规律地留出时间并一对一地以孩子期待的方式陪伴他们，和他们一起做你们都喜欢做的事。

- 如果儿童没有安全感，他们的情绪就很容易被不顺心的事触发。可以通过让儿童在平静的时候体验待在不同地方和参与各种活动，尝试找到他们在沮丧时感到安全的方法。他们需要你重复指令或将指令写下来吗？如果刺激太多，他们是否需要缩回某个安静的地方静一静？他们是否需要被提前告知事情的顺序，以便给他们留出足够的时间和空间用于提问？他们是否拥有一个放置了舒适物品的空间或袋子，让他们可以随时使用？他们是否通过非言语方式告诉你，他们感到害怕？可以给他们准备一个垫子、袋子、座位、小帐篷或房间等，他们可以在那里放一些能让自己感到舒适和平静的东西，以便随时取用。

- 如果可能的话，找出任何与儿童过去的心理创伤相关的显著诱因。大多数诱因都是儿童很难了解的复杂感觉和体验，但也有一些是通过沟通就能轻松发现的。例如，救护车的声音、被责骂、饿得肚子疼、巨大的噪声等。在了解诱因后，我们就可以尽量避开或者在诱因出现的时候迅速冷静地做出反应，从而安抚他们，帮他们找回平静。

- 通过持续地呵护、包容、坚持、关心和帮助儿童感受到平静和愉悦，可以让他们慢慢地建立对他人的信任。这需要时间，但非常值得。

思考

1. 你了解依恋困难的儿童的哪些行为？

2. 你发现什么能帮助依恋困难的儿童与你建立关系？

3. 你发现什么行为最容易触发儿童的强烈情绪，对儿童来说最具挑战性？当这样的行为出现时，如何帮助他们进行调节？

第六章

如何帮助儿童治愈依恋创伤

我希望这本书有助于证明，人际关系是帮助治愈有依恋创伤或困难的儿童并使他们形成对他人新的内在期望的核心。布鲁斯·D. 佩里（Bruce D.Perry）和马娅·萨拉维茨（Maia Szalavitz）解释说："大脑是在社会环境中发育的，一个人不可能在没有他人的情况下发展自我意识。"

当我们审视成年人帮助儿童建立强大且健康的依恋关系的关键品质是什么时，格哈特发现，回应能力是一种神奇的关键品质。但是，这并不像听起来那么简单，它和所有的关系一样取决于直觉，格哈特说：

> 通过研究人员的研究，我们现在知道婴儿需要的回应不能过多也不能过少，而需要恰到好处的回应——既不要急着满足他们的每个需求，也不要长时间忽视他们，而是需要那种自信的父母常有的放松自如的回应方式。

如果在儿童 0 ~ 5 岁阶段，有一个成年人给予他们及时的回应、有效的陪伴并呵护他们成长，他们只需要继续与主要养育者和其他期望呵护他们的成年人保持情感联结，就能建立起应对未来所有关系的内部机制。如果儿童在早期没有建立这种内部机制，那么通过后期有意识地定期重复情感联结也可以重构缺失的重要体验。虽然弥补多年缺失的体验非常艰难，但当你看到孩子因为重复获得不断的温暖和关爱的体验而促使大脑的神经通路发生改变时，就会觉得再难也值得。

成年人的关键人格特征

　　成年人的一些关键人格特征有助于儿童发展积极的依恋关系，从而帮助他们建立一种关于人际关系的积极内部工作模式。如果成年人愿意帮助儿童重建大脑的神经连接，改变他们对成年人的期望，就能改变他们的一生。这不是一件容易的事，但从长远来看，当我们看到变化一天天发生，当我们看到儿童开始接受"人际关系可能是令人愉悦的"这样的积极信息时，这是一件多么激动人心的事啊！

始终如一

　　我们需要告诉那些在依恋关系中感到困惑、受伤和无所依靠的儿童，有些成年人能做到始终如一地关爱他们。无论岁月静好还是艰难度日，我们都要始终如一地呵护儿童。儿童需要我们始终如一的关心，他们也承认自己需要成年人的帮助。儿童需要我们一直在，当我们做不到时，一定要花时间向他们解释，并给出充分的理由。这种陪伴的一致性可以重建积极、信任他人的大脑神经通路，促进依恋困难的治愈。

真诚和道歉

成年人也不可能总是对的，当成年人犯错时不要只是走走过场，而应真诚地向儿童道歉，这对他们来说真的很重要。身心健康的儿童真实且不擅长伪装，他们的诚实和坦诚能让他人清楚他们的想法，虽然有时候会让人尴尬，但却非常有利于与他人建立关系。当我们能用适量的信息，以减少焦虑而非增加焦虑的方式向儿童简单地解释他们担心的事情时，他们就会觉得自己与我们的关系是坦诚的，也会觉得自己是关系中的重要一部分，并能感受到被尊重。儿童能看出我们在假装，所以最好还是说实话，比如跟孩子说"妈妈今天过得很糟糕，似乎所有的事情都让我烦躁，但这绝不是你的错。妈妈需要一个空间来思考是怎么回事，可以吗？我尽量试试在几分钟后不那么暴躁……"科索利诺这样描述这些关系元素对儿童身心健康发展的重要性："儿童通过某种方式找到了学习如何从认知和情感上处理和父母相处的负面体验，如何找到与自己进行情感联结的人，以及如何调节自己的内心情感世界。"

趣味性和创造性

　　游戏是一种能让我们更好地理解和应对生活的必要活动。它能让我们体验到创造和探索的感觉，这能帮助我们找到清晰感、放松感和刺激感。游戏不仅对儿童非常重要，对成年人平衡生活也非常重要。英国心理学家温尼科特提出过很多有用的心理学理论，他说："儿童或成年人只有在游戏中才能发挥创造力，展现完整的人格，也只有在创造中才能发现自我。"

　　当我们和儿童一起玩游戏时，如果让他们引导整个游戏过程，而不是由我们主导和控制，我们就能进入他们的世界，了解他们看待事物的方式。这样，我们可以和他们一起探索，向他们学习。我们可以和他们一起欢笑，一起悲伤，一起体验丰富的情感。这样的游戏活动能建立情感联结，这种联结反过来又能让彼此产生信任感和被对方理解的感觉。

让孩子感受到被理解

要想帮助有依恋创伤或依恋困难的儿童，归根结底是要帮助他们重新连接他们的大脑神经通路，因为他们的潜意识一直坚信所有的成年人都是不稳定的、不值得信任的。这些儿童可能真的想信任你，和你在一起，也许他们也期待你爱他们胜过爱一切。可他们的潜意识经常与他们的想法发生冲突，而且由于潜意识控制了他们的反应和感觉，从而导致他们似乎无力做出改变。

我们有时会通过介绍左、右脑半球来向儿童解释这种冲突。每个人都有左脑和右脑，右脑通过感官和体验收集信息，左脑帮助理解和处理这些信息，并尝试用语言表达出来。如果一个儿童正在某种强烈的情绪中挣扎或者做了一些自己无法理解的事情，那么他们需要一个成年人帮助他们理解这些情绪和事情，因为此时他们的右脑感到不知所措。如果儿童排斥和抗拒成年人，这表示他们的右脑在用语言表达所发生的事情时遇到了困难，他们陷入了被原始本能控制的生存模式。这时，他们已经不能快速处理右脑无法承受的强烈情感，他们需要成年人的帮助。鲁比·瓦克斯（Ruby Wax）非常生动地描述了此时我们需要做什么。

要想与儿童的右脑形成共鸣，就要发动你的右脑，你的右脑能通过面部表情、动作和语调来识别儿童的感受，我们称之为"右脑共鸣"。人类 80% 的交流并不是通过语言，而是通过其他潜在信号来完成的。这种右脑共鸣可以让父母在模仿孩子的情绪和与孩子建立联结时，让孩子感受到被理解，然后父母就可以通过运用自己的左脑，引导孩子启动其左脑开始处理右脑的感觉，从而帮孩子找到合乎逻辑的解释，并能用语言把自己的感觉表达出来。当左脑和右脑共同工作时，儿童内心那些无助和混乱的感觉就会消失，从而找回平衡感。

[珍妮的故事]

我们从没想过要成为全职照顾孙女的祖父母！但我们的儿子实在太糟糕了，我们觉得如果让孙女珍妮在他身边成长不太好。珍妮粗鲁又暴躁，虽然她只有 3 岁，却已经表现出很强的攻击性。但她在幼儿园的表现很好，老师们都说她"一点儿也不闹"，这实在令人沮丧。后来，我们在家庭养育指导师的帮助下，知道珍妮的行为只是在向令她感到安全的人传达内心深处的不开心、害怕和困惑。指导师帮我们了解珍妮

的需求，让我们试着始终理解她而不是责备她，看看这样做
会发生什么，这些方法果然起作用了。珍妮的情绪不再像以
前那样容易崩溃了，她感觉自己在幼儿园更能做自己了。

* * *

把儿童放在心上

帮助内心挣扎的儿童建立信任其实不难。儿童可能会告诉你，他
在收集石头或他的金鱼看起来一动不动，或者他的脚趾疼。或许这时，
我们会下意识地评价这些事情一点也不重要，或者很敷衍地说"啊
哈""当然"之类的话应付他们。如果我们认识到共情的力量，并能站
在儿童的立场上思考，我们就能意识到，在他们的世界里，这些事情
都是很重要的大事。这种意识能让我们的回应变得更有感情和表现出
真正的兴趣。最有效的方法就是我们在一小时或一天后还记得这些事，
并询问他们石头、金鱼或脚趾的情况。当我们这样做的时候，儿童会
觉得我们是真的在关心他们。因为他们看到当他们不在我们身边时，
我们也想着他们。所以，把儿童放在心上，对他们来说意味着我们不

仅仅是在履行养育义务。作为成年人，我们的共情能力引导我们把儿童放在心上，从而能与他们建立关系，这种关系可以重建他们的神经通路，并治愈他们过去在关系中遭受的创伤。

当遇到儿童出现依恋障碍、依恋创伤和其他心理创伤时，我们都应该带他们去看专业从事儿童或青少年依恋问题和创伤治疗的心理治疗师或心理医生。他们会很专业地帮助儿童调整潜意识和身体记忆，为儿童重组、重建或恢复主要依恋关系提供额外的支持。

[一个 9 岁儿童接受心理治疗后的感受]

在接受你的帮助之后，我现在的感受是这样的。我的头：我觉得我能更好地表达自己的感受了。我的肩：我不再胡思乱想一些不好的事情。我的胸部：我能更畅快地呼吸了。我的腹部：我不再那么愤怒，当我在学校感到难过的时候，我能与他人分享了。我的腿：我能跑来跑去，我更有力量了。我的胳膊：我觉得我更能表达所有的情绪了，我觉得我的胳膊更强壮了。现在，我不再伤害别人，我知道自己要做什么。这些都是源自你给我的关爱，并帮助我了解了自己。

* * *

保持冷静和接纳

当儿童在关系中经历了恐惧和痛苦时，就只能在关系中被治愈。对某些儿童来说，他们的经历导致了他们现在的状况如此艰难，最终他们需要通过以下方式被治愈。

- 儿童需要几个成年人长期与他们保持一致性，给他们提供呵护、共情和友善。如果成年人不批判、不惩罚他们，那么他们在这种关系中就会不断地体验共同调节。

- 儿童需要通过成年人帮助他们调节自己的情感、记忆和悲伤，从早年因需求得不到满足导致的混乱中恢复。这些情感、记忆和悲伤化作了深藏在潜意识中的强烈感觉。这类儿童需要以创伤恢复为重点的富有创意的心理治疗。

事实证明，当照料儿童的成年人寻求外部的专业心理帮助时，儿童一般并不能很好地配合，反而通过恐惧和犹疑增强自己的掌控感，进而削弱自己的无力感。

这需要一两个成年人鼓足勇气和儿童建立关系，虽然这种关系是儿童非常需要的，但成年人还是会遭到儿童不断的拒绝和考验。儿童为了表达被压抑的强烈且有力的情感，在他们能够拒绝成年人之前会不断地尝试拒绝，这可能让儿童和成年人都疲惫不堪。当成年人保持冷静和接纳时，儿童的大脑就能够形成有利于建立积极人际关系的新的神经通路，从而引导他们学习如何与他人交往。即使面对儿童恐惧的表情和他们经常表现出的侵略性行为，成年人仍然有足够的韧性和勇气保持友善时，儿童的行为才会改变。

有时，如果儿童体验过主要依恋对象带给他们的恐惧，他们就会拒绝听成年人的话或与成年人合作，除非他们完全被潜意识中深深的恐惧感控制了。愤怒和攻击性是每个人自我保护的一种外部表现，实际上，在相应的治疗过程中，往往需要处理一些内部复杂的潜意识应对机制。这些体验过恐惧的儿童需要强大、友善、关心和呵护他们且能承受他们行为的成年人带领着他们，直到他们最终相信友善和学会信任。这就是治愈儿童的依恋创伤、改变他们的行为和调节情绪的有效方法。

与成年人相处的经历可能会给儿童造成严重的心理创伤，以至于他们需要数年的时间来建立对养育者的信任。儿童会主动排斥那些给予他们爱和关怀但又无情拒绝他们的成年人。他们之所以会有这样的反应，是因为他们经常有导致失去爱的经历，所以他们认为拒绝爱他人或被爱似乎更利于保护自己。他们经常在被成年人拒绝之前先表现出拒绝，这样他们就能掌控两者之间的关系。长期的拒绝行为会让成年人感到筋疲力尽和深深的沮丧。父母觉得他们在努力照顾孩子，而孩子的反应却是愤怒、憎恨和拒绝，这对父母来说既残酷又痛苦，并且可能导致继发性创伤。对此，父母必须找到一套自己的应对机制，所以他们就会对孩子的情绪保持高度的警惕，以保证自己随时做好孩子情绪爆发、攻击他人和崩溃的准备，最终他们生活在一种高强度的威胁反应中。这会耗尽成年人的情感能量，让他们越来越难以持续地照顾抗拒他们的孩子。虽然成年人通常都能理解儿童行为背后的某些原因，并对他们的早期艰难经历有深刻的共情，但这并不能减轻成年人感受到的痛苦，因为他们必须集中精力应对儿童的易变和抗拒。

向专业人士寻求帮助

当儿童处于拒绝成年人的爱与呵护的状态时，如果寻求专业人士的帮助，可能会导致他们的行为升级。而且，儿童与其他成年人相处时的表现会有所不同，这不仅会让父母或养育者感到非常沮丧，还会引导专业人士只是告知一些常用的简单策略。而且，父母和养育者会感到被评判和被误解为失败者。这就会导致儿童和养育者之间的关系更紧张。有研究人员指出，

我们必须记住，走访的专业人员看到的只是挑战行为的冰山一角，而养育者大多数时候都潜在水中。

关键是儿童周围的成年人要达成共识，以给予儿童情感支持的成

年人为中心，因为他们要做的是一份会改变生活的高要求的工作——始终如一地关爱孩子。羞辱、评判、责备和不化时间真正了解富有挑战性的关系的动态都会增加双方的心理创伤。但通过长时间的坚持和理解依恋创伤的影响，共情和尊重可以让成年人感受到足够的平静，从而在这件高要求的工作中进行反思并得到支持。

儿童从心理创伤中恢复的三种方式如下。

- 通过不断重复、始终如一、友善、耐心和关爱的互动关系可以改变儿童大脑的神经通路。
- 通过与成年人的共同调节，让儿童理解不同的感受并容忍它们，学会有建设性地表达自己的感受，并知道如何在感到恐惧和恐慌时冷静下来。
- 通过理解和处理创伤经历带来的潜意识记忆和身体记忆帮助儿童从创伤中恢复。这种处理需要由懂得如何在干预的同时保证儿童安全的人进行，通常是由有经验的心理治疗师采用富有创意的心理治疗进行。

这三种方式都需要时间，短期干预不太可能成功。改变大脑中的神经通路和让自我调节成为健康的新应激反应方式都是一个长期的过程。这些新技能可以让儿童理解并处理创伤，同时开始信任成年人，在和主要养育者的关系中变得放松。

自我照顾

重要的是，父母或养育者必须花一定的时间关注无比重要的自我照顾，这关乎身为关键养育者角色的生存和成长。对此，我们需要尝试和做到以下事项。

- 从朋友和家人那里获得良好的情感支持。这些朋友和家人会对你嘘寒问暖、关爱有加，而不会对你妄加评判、羞辱和提供建议。
- 找到自己的爱好或能让你放松的事物。有时间进行调整、自由呼吸和放松，做一个能做自己的成年人。
- 保持充足的睡眠。
- 记得提醒彼此，你只能尽己所能，现在你已经做得很好了，而且事情会随着时间的变化而变化，所以要庆祝每一个小小的改变。

思考

· · · · · · · · · · · · · · ·

1. 始终如一、真诚和道歉、趣味性和创造性，你觉得最自然地
   走进儿童的方法是什么？

2. 你认识的人中有人有严重的依恋创伤吗？

3. 你能做些什么为他们提供一个额外的关爱榜样？

4. 什么样的关系能让你感到平静、放松和被关爱？

第七章

如何与儿童建立积极的关系

我们都知道深入参与孩子的生活对任何人来说都是一种不可思议的荣幸，但也会使人筋疲力尽。我们的生活都是幸福与艰辛交替，所以更需要彼此扶持。没有人可以在没有别人的帮助下就作为专业人士、父母或养育者应付一切，对于养育孩子，我们都需要不停地学习。有一项新的研究证明，有些人凭直觉就能知道的事情，另一些人因为生活背景不同而毫无所知，这真是不可思议。

在此，我们尽己所能地为大家的养育之路提供一些建议。

帮助儿童发展友谊

我觉得养育孩子这件事在某些方面就像亚马逊网站上的图书评论一样！真正欣赏一本书的人大多数时候什么都不会说，而当有人说了什么的时候就会出现形形色色的回应。当我们打开网站时看到的只是各种回应的平均值。

作为儿童的父母、养育者或专业人士，我认为我们要认识到，当我们做得很好时，大多数时候不会有人告诉我们或给予我们肯定；而当我们得到反馈时，也可能并不是现实的整体反应。所以，我认为我们应该综合考虑总体的平均反应。如果我们平均得到的正面反应比负面反应多，那就放轻松一些，但也要一直顾及负面反应。

我完全相信，儿童在成长过程中可以理解我们成年人也会有暴躁、悲伤和艰难的时候，我总是向我身边的儿童解释这一点，然后观察他们以确保他们没有觉得这是他们的责任，也没有因此感到焦虑。如果儿童感受到了压力和焦虑，我就会利用这段时间专注于帮助他们调整自己的反应，从而让他们在情感方面更健康。如果我一直处于幸福快乐的状态，那么我不能确定我建立情绪处理模式的能力可以帮助我的孩子明确地表达自己的情绪变化，并对自己的情绪状态感到舒适。

我认为引导儿童学习如何处理人际关系很难，尤其当我们自己小时候不曾有过美好的友谊时。我们的角色是儿童的情感共同调节者之一，成为他们的安全空间，帮助他们理解这个世界，给他们安慰、支持、见解和建议，相信他们能在我们看不到的错综复杂的状况中找到自己的方向。重要的是，我们要和儿童保持共鸣、确保事情有所进展，并在他们需要的范围内给予适当的回应。儿童需要在我们的支持下前进，但不需要我们在每个转折点都给出具体的方向。

如果我们帮儿童探索、理解和处理他们的情绪、生理反应和回应，他们就会发展出健康的人际关系，继而形成一项终身技能。路易斯·邦伯（Louise Bomber）指出，儿童友谊的发展是建立在其与成年人富有安全感的关系之上的。

我们要积极地为依恋困难的儿童结交朋友和维护友谊提供适当的方法模式。我们不应该觉得他们已经为独立做好了准备。记住，在和儿童协商独立之前，要确保他们与一个一直体贴、敏感的成年人有过牢固的依恋关系。

与儿童建立积极的关系

身体接触

儿童需要身体接触。作为父母或养育者，我们需要了解儿童觉得舒服的状态是什么，给予他们说"现在不行""我需要空间"或发出其他信号表明不想要身体接触的权力。儿童的身体属于他们自己，因此，不应该让儿童因为感觉到自己被操纵、被期待、被要求或被需要而同意成年人的身体接触。儿童应该有权选择拥抱、抚摸和亲吻，并一直有说"不"的能力。虽然边界感很重要，但也要认识到自然的身体接触，如温暖的拥抱，对儿童的安全感的形成很重要，除非他们曾被这种方式伤害过，那样的话就需要给他们更多的空间和时间了解他们需要什么。我们还要认识到，有些儿童需要时间独自思考或创作，而有些儿童独处时会有一种被遗弃的感觉。探索儿童的需求可能会令人筋疲力尽，并且他们的需求可能会变化无常，但这对于满足儿童的需求而言是必不可少的。

保持快乐、享受乐趣和创造美好的回忆

在任何依恋关系中，我们都要花时间保持快乐、享受乐趣和创造美好的回忆。吃美食、玩游戏和外出度假都有助于儿童与成年人建立良好的关系。对于有依恋困难的儿童来说，短时间、有规律和有趣的活动能慢慢地重建他们控制情绪和享受乐趣的能力。科索利诺建议，当我们把时间和精力投入到有不良依恋经历的儿童身上时，要这样提醒自己：

> 那些曾在童年被忽视和虐待但仍蓬勃向上的成年人经常肯定与他人一起生活的经历，这让他们感到自己被关心和有价值。可治愈人际关系的潜在力量就在我们身边。

认真倾听

当我们认真倾听时，对方能够感觉到自己被听见，进而使关系产生某些改变。想想如果你在和某人说话的时候，他要么摆出一副无聊的姿势，要么不在状态或分心，比如不停地看手机或手表，你会有什么感觉？是会让你想敞开心扉、畅所欲言，还是会打断你的思路，让

你中断谈话？儿童会注意我们究竟对他们说的话是否感兴趣，可问题是儿童眼中的最大担忧和我们忧心的事相比会显得非常幼稚，很容易让我们感到烦躁或恼怒，除非我们记得儿童的担忧对他们来说都是大事。当我们正为支付账单发愁或解决重要的关系冲突时，我们就很难重视儿童关心的事，如他们用香肠泡茶会怎样……但当我们换位思考时，我们的反应就能抚慰和帮助他们，而不是切断和他们的情感联结及给他们带来挫败感，儿童会觉得自己被倾听和重视，这样他们对他人的信任在依恋关系中就建立了起来。

[**查理的故事**]

我的养育指导师曾告诉我如何处理我和查理的糟糕状况。如果当查理需要和我说话时，我总是误解他或置之不理，甚至吼他，这是不对的；我会告诉查理"妈妈这样做是不对的"并向查理道歉。我还恳求查理原谅我。我知道我只是查理的一个榜样，让他看到一个人犯错的时候该怎么做，以及我们如何对过往一笔勾销并重新开始。这让我想起查理也只是想让事情被原谅，而不是被遗忘。

* * *

涵容、移情和反移情

这三个词可以帮助我们理解一些复杂的关系。"涵容"是一个很有用的词，它被用来描述一些成年人在依恋关系中必须做的事。我们需要给予儿童向我们倾诉困惑、痛苦、不安和担忧的权力，我们涵容这一切。我们并不总能解除困境，但我们可以通过倾听、情感联结和认同儿童的感受来涵容他们的情绪，而不是排斥他们。涵容从婴儿时期就开始了，婴儿会将难以名状的情绪投射给主要养育者，养育者再把这些情绪反投射给婴儿，从而使婴儿更容易接受这些情绪。

有时候，作为容器的成年人面临的状况非常糟糕，尤其是当我们感觉自己已经负荷满满时，这就是为什么当儿童需要我们涵容很多负面情绪和困惑的时候，我们需要互相鼓励和支持。

"移情"这个心理学概念由西格蒙德·弗洛伊德（Sigmund Freud）在 1895 年提出，它指当你与一个人形成情感联结的时候，他会下意识地将他对别人的感觉和想法转移到你的身上。这可能让这个人感到非常困惑，因为他并没有意识到自己正在移情，他的这些生理或心理反应本该反馈给他生活中的另一个人，而不是你。我经常会遇到这样的情况，人们在自己不知情的情况下把他们对母亲或童年时期班主任的感受投射到我身上，导致我琢磨他们究竟是如何对我做出如此多的评价的。反移情就是当一个人对我们进行移情或投射时我们的反应。如果有人下意识地认为我是一名校长，反移情就是我会承担起校长的角色，即使我不是，也感觉自己是。移情和反移情都是潜意识的深层反应，我们经常无法完全理解它们，因为它们经常让我们感到惊讶。所以，有些儿童对我们的反应就像我们是当初伤害他们的依恋对象一样，即使他们明知道我们不是。

把消极信念转变为积极信念

很多有依恋创伤的儿童生活在关于自己和世界的消极核心信念中。他们总是有羞耻感、无价值感、被抛弃感和孤独感，这些感觉通常伴随着这样一些信念："我没用""没人真的想了解我""如果你接近我，你很快就会抛弃我，所以还是我先拒绝你，以免我们都失望""我不属于任何地方，我无法适应"……

这些消极的核心信念植根于他们的思想和行为中，需要一段很长时间的友善、耐心、呵护、宽容、重复和始终如一的关系才能慢慢地打破这些信念对他们的控制。当他们有了足够的被善待、呵护和关怀的经历时，就能够发现自己的消极想法，并把消极想法从潜意识带到意识层面，消极想法就会被积极想法取代。

我们的目标是让儿童在成长过程中学会和体验以下积极、健康的信念。

- 我被需要、被爱。

- 如果我不在的话，人们会想念我。

- 我有独特的天赋和技能，我想运用它们。

- 我属于一个重视我的群体。

- 我有几个特别的崇拜者。

- 我喜欢更多地了解自己。

- 尽管我不完美，还经常犯错，但还是有人爱我。

- 我可以让别人知道我有需要，他们会帮助我。

- 我很可爱。

- 我很安全。

- 我乐于助人、友好且善良。

- 我慷慨、忠诚且勇敢。

儿童并不是从我们对他们说的话里学会这些积极信念的，而是从我们对他们说话的方式和我们的行为表现中学会的。当儿童开始体验越来越积极的关系时，他们的核心信念会慢慢地改变，信心和自我认同感也会慢慢地增强。

作为成年人，我们的目标不是做到完美，而是要真诚、有爱心并能迅速弥补我们所犯的错误。我们可以通过有意识地关心和了解儿童的成长需求来发展牢固的依恋关系。对于那些有依恋困难或依恋创伤的儿童或青少年，我们可以在他们成年之前帮助他们修复和疗愈。其实这并不容易，但是花时间并运用一些技巧（如共鸣、倾听、关心、陪伴、发挥创造力）与我们关心的孩子建立情感联结是值得的。我们真的在改变他们的生活！

普华
文化

PUHUA BOOKS

我
们
一
起
解
决
问
题

儿 童 心 理 之 谜

破除羞耻感，
如何培养孩子的自我认同与自信状态

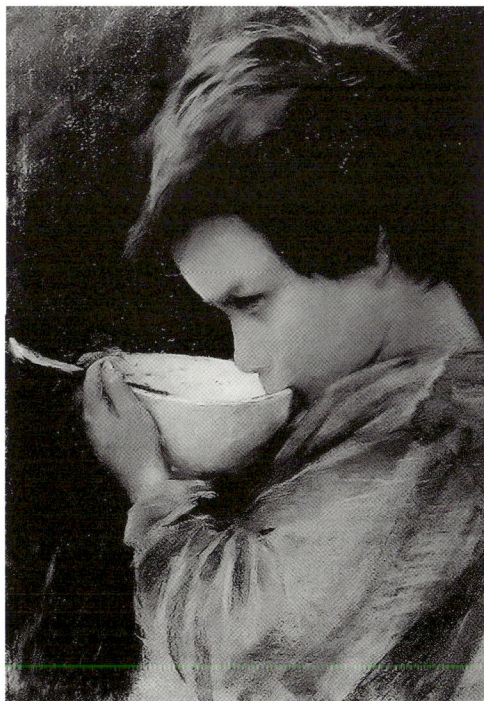

［英］贝蒂·德·蒂埃里 —— 著

The Simple Guide to Understanding Shame in Children
Betsy de Thierry

人民邮电出版社
北 京

译者简介

范丹慧

北京大学心理与认知科学学院临床心理学硕士。接受认知行为治疗、家庭治疗、游戏治疗的系统性训练，从事心理咨询临床工作，擅长儿童和青少年心理咨询、家庭咨询、哀伤辅导等。

推荐序

在这本内容简单却凝练的羞耻感简明指南中，贝蒂·德·蒂埃里为大家生动地讲解了我们怎样才能更好地理解和回应儿童的羞耻体验。

对我们来说，羞耻体验很重要，因为很多人将羞耻感错误地解读为内疚、焦虑、后悔、尴尬或厌恶等感觉。也许对此最好的解释是，我们都不愿意思考自己的羞耻体验，因为它涉及那些让我们感到耻辱的记忆、信仰和感觉。

贝蒂清晰地描述了羞耻感是如何污染社会关系，剥夺儿童与外界的接触、团队意识及归属感的，这种归属感能保护他们在成年后免受心理健康状况恶化的影响。这导致羞耻感成为一种强烈、痛苦但却非常自然的一种情感状态，因为它源自人类对于归属的需要。儿童相信，如果他们不遵守规则和顺从他人就会被抛弃、被拒绝。这就是我们看到为什么那些在生命早期经历了严重忽视和虐待的儿童，经常会为其父母或照料者的行为辩护或解释——他们担心自己离开这些人将无法生存。有些儿童会由于为了生存与一个潜在的有毒家庭环境同流合污而感到羞耻。

对儿童来说，意识到并承认那些把他们带到这个世界上并应该照料他们的人但却没有这样做是一种格外的羞辱。而且，他们（以一种充满羞耻感的方式）认为这与他们作为一个人，或者与他们作为儿童所做过的事有关。因此，重要的是我们要记住，对于许多披露自己体验的儿童来说，寻求帮助这件事本身可能就是一种异常可耻的经历，尤其当成年人没有恰当地对待他们。

在为人父母后或与儿童一起工作时，我们需要变得有羞耻感意识，了解羞耻感是如何工作的，以及它对儿童的发展和未来产生的有害甚至毁灭性的影响。就如何最好地支持儿童挑战那些由羞耻感引发的不良和错误感受，贝蒂提供了一个实用的指南。在本书后面的章节中，作者展示了成年人如何通过对孩子表现出来的行为及表达的信念和想法给予冷静、同情且共情的反应，鼓励他们谈论羞耻体验。

很明显，拓展儿童情感素养和创造性反应的视野，将提高他们理解和成功破除羞耻感的能力。正如贝蒂所论述的，这样做的目的是为儿童提供新的归属方式和建立友好互惠联结的新形式，在面对令人感到羞耻的情境时，这些会支持他们培养自己的心理韧性、勇气和自我同情。阅读本书将对我们如何避免在无意中羞辱儿童，并创造羞耻感复原力和疗愈羞耻感提供深刻的见解。

马克·布什（Marc Bush）博士

前言

怎样才能写出一本书以简化羞耻感这一深刻的、令人不快的且复杂的概念呢？

这本书的内容涉及已发表论文中的研究发现、给专业人士看的书籍中的指导以及经验丰富的从业者关于羞耻感的知识，我简化并概括了这些发现和内容，以便让所有人都能理解。尽管讨论像羞耻感这样复杂的主题是一个真正的挑战，但我还是试着让这本书更容易阅读，而不是显得太"沉重"。传播有关羞耻感的知识和意识很重要，这样我们才能帮助下一代摆脱一些与之相关的挑战，这些挑战在当今的社会中仍然显而易见。

在本书的前四章中，我们探讨了什么是羞耻感及羞耻是如何影响我们的；在第五章中，我们讨论了羞耻感的表现，探讨了儿童因深感羞耻而表现出的不适应行为，以及如何才能帮助这些儿童。在最后一章中，我们提供了破除羞耻感和建立羞耻感复原力的方法。

作为一名心理治疗师、老师和母亲，我在很多方面和地方——学校里、养育方式中、组织机构及许多其他环境中——看到过羞耻感那丑陋而微妙、无形却强大的"脑袋"。我也看到了在被羞耻感影响的人的内心深处，羞耻感对他们的生活造成的负面影响，即使它常常隐藏在应对机制的背后。

我也看到了当羞耻感被承认和命名时给人们带来的解脱，当我们承认和理解它在所引发的问题中所扮演的角色时，它的影响就开始慢慢地减少。

在本书中，为了帮助大家承认并削弱羞耻感的力量，我们将探讨儿童体验羞耻感的方式以及它如何影响儿童的行为、记忆、学习、情感和人际关系。

　　书中的案例说明了羞耻感在儿童身上是如何呈现的。我希望这本书能帮助并改变那些正在寻找答案的人们的生活，这些人和他们的孩子一起面临着复杂的问题。

　　在这方面，已经有思考深刻、善于反思的实践者先行于我，我很感谢这些专业人士花时间关注人类的行为和议题，并且尝试分析它们，以使我们成为更健康的人类！要在这样一本类似简明指南的书里总结他们的工作，在某种程度上我感觉自己难堪此任，但我也希望他们能为我鼓掌。

　　我写这本书是为了帮助那些与儿童一起工作或生活的人，他们致力于守护儿童成长为健康的成年人，进而具有强烈的自我认同感、自信的反应能力以及感受和表达情绪的自如状态。

　　只有在此基础上，儿童才能茁壮成长，发展自己的能力以形成积极、有意义的关系，即成为他们所能成为的最好的人。只有降低羞耻感的毒性，我们才能创造出健康的个体和社会！

目录

第一章

什么是羞耻感

羞耻是什么感觉

羞耻是一种极为痛苦的体验。

它是一种极度尴尬或耻辱的感觉，还有一些突然间无法控制的身体反应，其中可能包括出汗、头晕、恶心或胸闷等。羞耻会令人脸红、目不转睛、发笑或变得沉默，然而在内心深处，它会让人想逃跑、躲起来或挖个洞钻进去。

虽然这种体验是一种即时反应，但如果没有及时得到缓解，它的影响可能会持续很长时间。如果你曾经历过深深的羞耻感，这会导致你需要依赖他人的帮助才能感到正常、被关心和被接纳。

羞耻感分为不同的程度。当成年人将羞耻作为一种策略，以迫使儿童在令其恐惧的事情上变得顺从、安静下来或合作时，就会导致儿童经历严重的、持续的羞耻感。

常见的引发儿童感到羞耻的方式包括当他们：

- 必须保守一个让他们感到烦恼的秘密；

- 没有人和他们玩，他们被嘲笑、被辱骂；

- 由于他们"不够好"而必须退出某个团队、社团或活动；

- 参加派对或活动时穿错了衣服，因此觉得自己很蠢；

- 因为尴尬而不能告诉他人自己家的实际情况；

- 需要帮助但不知道该怎样求助，因此觉得自己很蠢；

- 努力尝试完成一项任务但失败了，然后被嘲笑或被告知要更加努力；

- 被一个对他们做了可怕的事情的成年人指责为"自讨苦吃"。

以及其他类似的经历。

人们越来越了解羞耻感会导致长期的内心煎熬和"不够好"的想法，这会限制儿童的创造力和冒险的信心。羞耻感会污染人际关系，因为儿童害怕体验到更多的羞耻，因此，与发展健康的人际关系相比，他们宁愿选择退缩，与焦虑做斗争，或者无法识别友谊中的控制行为或表现出控制行为。

当我们了解了羞耻感并能识别它在某些情境中的力量时，就能抵消它的负面影响，使儿童健康成长并拥有充实的内心生活；我们可以帮助他们避免内在的冲突，避免形成破坏性应对机制的需要。

当个体体验到羞耻感时，它起到一种紧急信号的作用，表明这里有危险：被拒绝、失败、暴露和被抛弃的危险。这是一种来源于人际关系的体验。它威胁着人类对生存与归属、被爱与被接纳的基本体验。

下面提到的这些人都对羞耻感这一主题进行了深入探讨，他们对于什么是羞耻形成了不同但互补的观点。

路易斯·科索利诺（Louis Cozdino）博士是佩珀代因大学的心理学教授，也是一名个人执业治疗师。他说："核心羞耻感……是对自我的一种本能批判，它会导致一种无价值感，害怕被人识破的恐惧，以及拼命追求完美的渴望。"

考夫曼·考夫曼（Kaufman Kaufman）是密歇根州立大学咨询中心的副教授，是很多有关羞耻的书籍和学术论文的作者。他把羞耻感描述为一种内在的体验，"感到羞耻就是感到自己被削弱的痛苦感觉被他人看到了。自我感觉既暴露在自己面前，也暴露在任何在场的人面前"。

布琳·布朗（Brené Brown）是《纽约时报》（*New York*）畅销书作家，也是休斯敦大学社会工作研究生院的教授。她的TED演讲是有史以来十大受关注的TED演讲之一，她主要研究脆弱、羞耻和勇气。她将羞耻感描述为"剧烈的痛苦感受或体验，因为我们相信自己是有缺陷的，所以不配得到爱和归属"。

羞耻感是一种十分强大的、本能的、原始的情绪和生理体验，它会让一个人不知所措。经历过羞耻感的人会本能地找到以后避免这种强烈感受的方法。

科索利诺将羞耻感描述为那种"被刻意回避和排斥在社会性联结之外的本能体验"。它是一种无法用言语表达的体验，是一种高度的自我意识状态，在这种状态下人们通常想要逃跑，想躲起来不被他人看见。它会引发潜意识的恐惧，导致情绪迅速升级。

朱迪思·刘易斯·赫尔曼（Judith Lewis Herman）指出羞耻感包括：

一种充满震惊和痛苦的情绪。羞耻感是一种言语和思维受到抑制的相对无言的状态。它也是一种强烈的自我意识状态，令人感到渺小、可笑、不被保护，并且让人有一种想躲起来的渴望，其典型特征是感到羞耻的人会用手捂住脸。

许多人都能清晰地回忆起导致自己历经羞耻的某个情境，而这可能是一个决定性的时刻。其他人也许能识别自己身上有关羞耻感的表现，但无法唤起特定的记忆，这可能表明羞耻感是存在的，但作为一种应对机制被压抑了。

很少有儿童知道或使用"羞耻感"这个词，但他们会意识到极度尴尬的体验，他们会感受到痛苦的身体反应并想躲起来。这些痛苦的身体反应包括胸部缩紧、呼吸急促、头晕、恶心、想小便、手心出汗或其他身体应激反应。

当儿童经历了羞耻感，但随后他们获得安慰，而不是处于混乱状态并被评判，他们也许能逐渐谈论到底发生了什么，并反思和理解羞耻感。当这种情况发生时，羞耻的体验可能不会给儿童带来负面的影响，也许还会给他们带来力量和促进他们健康成长。

如果成年人不能安抚体验到羞耻感的儿童，或者就是那个引发儿童感到羞耻的人，儿童就会对自身的价值、归属感和被接纳感产生巨大的恐惧、压力和焦虑。这可能导致有害的应对机制和严重的、持久的恐惧。

[苏菲的故事]

　　苏菲在朋友的家里，当她把果汁洒到地上的时候，她惊慌失措，并且全身都僵住了。值得庆幸的是，正当她盯着洒出来的果汁和弄湿的地毯感到燥热、眩晕和恶心的时候，朋友的妈妈用温柔的声音安慰她说："没事的，宝贝儿。我们都会弄洒东西。我们知道这只是个无心之失！现在我们一起清理一下，好吗？"苏菲慢慢地抬起头看着朋友的妈妈，看到她那双和蔼的眼睛，那种头晕、燥热和恶心的感受立马开始减弱，随后她哭了出来，并得到了安慰。朋友的妈妈能够安抚苏菲，使她从羞耻感带来的痛苦中解脱出来，并为她对世界的理解增添了一次积极的经验。

＊　　＊　　＊

　　我们知道，羞耻感会引发一种瞬间的恐惧感，这种恐惧是本能的，而非个体深思熟虑后的反应。这种本能的恐惧似乎伴随着一种惊恐感，而惊恐是更适合于有明显危险或威胁的反应。

　　如果儿童只是偶尔体验到羞耻感，并且他们能够恢复并继续前进，可能不会对他们造成负面的影响。然而，如果他们暴露在有规律的羞耻体验中，就会发展出消极的应对机制，这些应对机制会造成严重的毒性应激，并对他们的人际关系、情绪、行为和学习产生持久的影响。我们将在接下来的章节中讨论这些应对机制，它们可能包括撒谎、假装、逃避有挑战的情境、逃跑或憎恨自己。

内疚、羞耻与羞辱

内疚与羞耻的区别

羞耻不同于内疚，因为羞耻通常被解释为"我很坏，而且你也认为我很坏"，然而内疚则被解释为"我做了坏事"。这一思维过程发生在人们的潜意识层面，这意味着它发生在内部，所以尽管这些感受和信念确实影响了我们的行为，但我们并没有意识到它们。

内疚意味着儿童通常可以通过为自己所做的坏事道歉来"修复"这个问题。然而，当儿童觉得他们自身很坏，并且相信周围的人也认为他们很坏时，他们就会感到因为自己很坏所以才不被爱和不被需要，因此就会形成一种被拒绝的感觉。这种感觉会引发他们的恐惧，因为他们同时在潜意识中意识到，他们依赖成年人来满足自己的需求，因此被成年人拒绝对他们来说是一个生死攸关的问题。

　　换言之，内疚意味着你犯了一个错误，而羞耻则意味着你就是一个错误。许多经历过创伤的儿童活在一种自己就是一个错误的核心信念中，可悲的是他们继续过着试图安抚自己潜意识深处的痛苦感受的生活，而这种感受就是他们从根本上就是一个错误且毫无价值。

相反，内疚是一种有益的体验，如果体验到它的人能够为这种不舒服的感觉做些什么的话，内疚就可以提高其人际交往的能力。例如，如果一个儿童因为想要一个玩具而打了自己的朋友，之后那位朋友哭了，可能有用的做法是帮助这个儿童停下来，然后关注那个哭泣的朋友，指出其被打的反应。这样会引发打人的儿童的内疚感，从而促使他在以后遇到类似情况时提出借用别人的玩具。

羞辱

羞辱儿童通常是由于羞辱者缺乏相关的知识，而不是因为他们故意虐待儿童。在与儿童相处时，成年人经常使用自己小时候和他人相处的方式，正因为如此，他们常常使用羞耻感激发儿童的动机。这是由于这些成年人不了解羞辱儿童带来的长期不良影响，而不是由于成年人无情。显然，我们也不得不承认，确实有少数成年人会以伤害儿童为目的而羞辱他们。

羞辱孩子的方式包括说以下类似的话语。

- 你真蠢。

- 我就知道你做不到，你一直都很笨。

- 又是你，对吧，布鲁斯？为什么制造问题的那个人总是你？

- 你能不能成熟点、守点规矩，而不是试图吸引所有人的注意？
- 你可真是个爱哭鬼。

羞辱还发生在照料儿童的成年人当着儿童的面对其家长说："我很抱歉，你的孩子很淘气……"当这两个成年人就好像儿童本人不在场一样谈论其行为时，这个儿童就和这两个成年人失去了联结，这会导致儿童感到被拒绝、失去联结和羞耻。这个儿童没有机会反思发生了什么，也没有机会承认自己的不当行为、感到内疚并做出补偿，他所拥有的这些权利被剥夺了，让他与外界隔绝。这可能会导致内在的混乱和羞耻感。

相反，如果这个成年人避开孩子，向其家长解释发生了什么，这将使家长能够温和地询问孩子发生了什么，是什么导致了孩子"淘气"的行为，以显示他们信任孩子最好的一面。

羞辱还可能发生在许许多多不同的情境中，我们将在第四章进一步探讨这一点。

羞耻感的类型

　　每个人都有过羞耻体验，重要的是我们要认识到这些体验的严重程度有所不同，这样我们围绕这个问题所使用的语言才是有用的，而不是过于简化。我对羞耻感进行了分类，这一分类不是诊断标签，但有助于表示不同类型的羞耻感，我发现它们对我的工作很有帮助。

Ⅰ 型

在上述苏菲的案例中，她经历了一次短暂的羞耻感爆发，虽然这种感觉很痛苦，但很快就过去了——我们可以将其描述为"正常的"羞耻感，而不是"有毒的"。这种体验将一直留在苏菲的记忆中，但她能够在事情发生后在相对较短的时间内克服这种不愉快的感受，并且能够"摆脱它们"。

当我们感到羞耻的时候，通常会努力避免再次体验同样的不适感——这种努力往往是一种非常清醒的、认知上的努力。我们可以称Ⅰ型羞耻感为"正常的"羞耻感。

Ⅱ 型

有些儿童在早年就经历了深深的羞耻感，这是因为他们生活在虐待、忽视、动荡的家庭中，或者他们的父母对孩子的情感需求缺乏了解。

通常，人们在意识层面忘记了那些早年的羞耻体验，但会在潜意识层面记住这经历，并把它作为一种深层焦虑随身携带，这种焦虑和被抛弃、被拒绝和不够好有关。儿童会觉得他们需要掩盖任何可能会暴露自己不够完美的缺点。

这可能会导致不同的表现或应对机制，如退缩、说谎或成为一个完美主义者，我们将在本书的中间部分讨论这些内容。Ⅱ型羞耻包括一些不健康的体验和症状，可能会在个体的行为、情绪、人际关系和人生选择方面引发一些表现。

[詹姆斯的故事]

詹姆斯是一名有天赋的橄榄球运动员，他喜欢在星期六打比赛。有一天，当他正准备上学时，他的父母开始争吵起来，后来争吵变得越来越激烈，以至于他开始担心他们中有一个人会因争吵而死去。为了比赛，最终詹姆斯冲到了学校的运动场，因为他不想迟到，但从比赛一开始他就由于太焦虑而不能集中注意力。在比赛中，詹姆斯踢出了一个漂亮的进球，但不幸的是这是个乌龙球。他的队友们又喊又叫，他则僵立在球场上。詹姆斯感到恶心，并差点尿裤子，然后他逃出了球场。他不想和任何人说话，只想自己赶紧消失。当教练找到詹姆斯并试图安慰他时，他只是说，他觉得不舒服是因为他的狗生病了。他对自己失球、父母争吵和焦虑的情绪都感到羞耻，但他不知道该说什么，也不知道该如何解释自己体验到的那些困惑。他觉得自己无法提及父母的争吵和他焦虑的真正原因，因为他觉得可能是自己做错了什么才导致他们吵架。他感到很羞耻，虽然这根本不是他的错，但他对这次既隐秘又可怕的经历感到羞耻难当。

* * *

Ⅲ型

可悲的是，还有一些儿童在早年经历了令他们非常痛苦的羞耻体验，这可能源于他们要保守的秘密或所经历的恐惧的程度，或者他们对羞耻很敏感。

这些儿童采取了与上述类似的机制以努力避免羞耻感。然而，由于这种体验的严重程度或持续的时间，羞耻感损害了他们的自我认同感。羞耻感融入他们的日常生活中，成为一种隐秘的感觉，我们称为"核心羞耻感"。

他们为了保护自己的羞耻感而采取的复杂的应对机制，往往与他们的自我认同交织在一起且难以分开。我把这类羞耻体验和症状称为

"Ⅲ型羞耻感"。

　　Ⅱ型和Ⅲ型羞耻感的区别在于，个体所体验到的羞耻和恐惧的时间长短及严重程度不同，Ⅲ型羞耻感的羞耻和恐惧程度更高。儿童越是感到害怕、丢脸、不被保护和无防备，就越不得不将那些难以忍受的、可怕的感受推入潜意识。这些负面的感受被压得越深，就会离我们的意识层面的觉知越远，我们就越难以反思或理解它们，它们就会对我们的身心越有害。

[夏洛特的故事]

　　夏洛特的母亲极度渴望她的出生，但她的母亲却不能完全成为自己想成为的样子。夏洛特的母亲一直在与心理健康问题做斗争，夏洛特的每次啼哭都令母亲陷入恐慌，因为母亲努力尝试了，却无法满足夏洛特的需求。这导致夏洛特不得不长时间独自一人，很少与他人有情感交流。夏洛特从小到大都怕见人，害怕自己会制造问题或"碍手碍脚"。夏洛特很快就发现，当她让人们高兴的时候，他们就会对她很好，所以她开始微笑着跳舞，于是人们认为她一直很快乐。

　　但在夏洛特的内心深处，她产生了一种强烈的感觉，那就是只有当她让别人开心的时候，她才被需要，所以当亲朋好友来找她，要求她做那些她感到不舒服的事情时，她总是说"好的"，只要能让他们开心就行。那些令夏洛特提心吊胆的事情过去之后，亲朋好友们和她在一起都很开心，但她感受到的却是强烈的恐惧、无力和困惑，她把这些情绪都压了下去，这样她就可以通过快乐和微笑得到他人的爱。夏洛特的"心不在焉"是众所周知的，但人们认为这样的她很可爱。事实上，她会选择到自己内心虚构的世界中漫游，在那里她没有那么无力和害怕，并且还有虚构的亲密朋友和会照顾她的成年人。她待在这个幻想世界中的时间慢慢地变长了，在班级里和朋友相处的时间则减少了，并因此被认为是一个"独行侠"。

夏洛特去参加芭蕾舞考试，老师在她走进来时对她大吼大叫，结果她尿裤子了。她没有哭，反而笑了，因为她马上就逃进了内心的幻境里，以回避羞耻感。在回家的路上，夏洛特被爸爸骂了一路，羞耻感给她留下了不良的印记。她继续与自己的日常生活做斗争，与结交朋友或对自己做的一切都要感到满意做斗争，因为在内心深处，她觉得自己不被需要，从来都不够好，害怕犯错，害怕人们"发现"她其实是一个有真实需求的人。

* * *

社会对羞耻感的态度

与焦虑或痛苦一样，羞耻感也是人类体验的核心，但由于羞耻感带来的情感和身体反应，以及为了隐藏羞耻感发展出的应对机制之间的复杂纠缠，致使羞耻感更加难以识别。结果就是，羞耻感经常被误解，并且它的影响也很少为人所知。

和羞耻有关的悖论是，有羞耻感是可耻的！

大多数人不愿意思考羞耻感，然而只有当我们思考羞耻感的时候，才能从经验中学习并淡化它的负面影响，并在健康的关系和情感中成长。

羞耻感讨厌被人们谈论：当人们鼓起勇气谈论自身强烈的羞耻体验时，他们就能学会打破羞耻感对自己生活的影响。

仅仅要求儿童停止感到羞耻是行不通的，具有讽刺意味的是，这反而会增强他们的羞耻休验，从而导致羞耻感的症状升级。然而，通过找到让儿童能够谈论自己的身体感觉及伴随的情绪的方式，同时确保他们能从一个关心他们的成年人那里得到温暖且共情的回应，你可以帮助儿童克服羞耻感。当这种情况发生时，儿童对被拒绝的恐惧立刻就会消失。

当一个儿童能够勇敢地探索羞耻感对其行为、情绪、人际关系和学习产生的影响及相应的身体和情绪症状时，羞耻感的毒性就会被最大限度地降低。

但是，当儿童没有正确地认识羞耻感时，其影响就会逐渐扩大，儿童可能会沿着图 1.1 中的连续谱，发展出更复杂的羞耻感（Ⅱ型或Ⅲ型）。即使从儿童的外在表现看并不明显，但由于这种感受根植于潜意识深处，其毒性反而增加了。

Ⅰ型	Ⅱ型	Ⅲ型
短暂的 羞耻感爆发	早年经历的发展性 羞耻感	随时间的发展 弥散的羞耻感

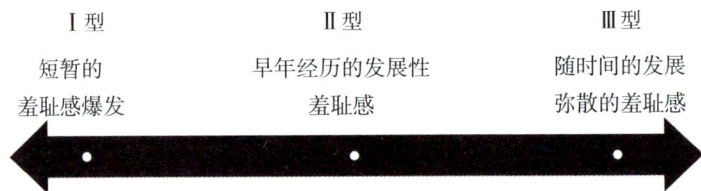

图 1.1　羞耻感连续谱

如果一个成年人在感到羞耻，或者看到别人在电视节目上或书中正经历羞耻时，能够评论或谈论一下，那么儿童将更能理解这些复杂的感受，逐渐形成对这些体验的认识，并且能够更加自信地谈论它。通过这种方法，儿童可以学会识别羞耻感，并了解如何通过反思、探索、共情和同情打破羞耻感在他们的生活中的影响。在我们正在想办法提供帮助的那些儿童的生活中，这种学习和了解能治愈他们的羞耻感。

　　我们回到上面的那个案例。当詹姆斯把球踢进自己队的球门时，如果有一个成年人能对他说："詹姆斯，我想知道你心里是不是真的感觉很难过，也许这太尴尬了以至于你想要躲起来或逃走？"詹姆斯也许会对此点点头或耸耸肩。这个成年人可以继续说："有时候我也会觉得这一切都没有用，我很愚蠢，但当我这么觉得的时候，其实只是因为我对自己为什么干出傻事感到困惑。但我们都会做一些我们不是故意要做的事情，对吗？"然后，詹姆斯也许会耸耸肩，但他看起来不那么混乱了。这个成年人可以继续说："我 9 岁时，在一次游泳比赛中，我开始游了一段距离，然后我以为自己赢了，但当我从游泳池里上来时，我才知道我游到了其他人的泳道。我感觉糟透了，我的脸涨得通红，觉得自己要吐了。过了一段时间，我才意识到我让每个人都失望了。"在那一刻，詹姆斯可能会说："我就是这种感觉。"他可能还是没办法说出那些和父母争吵有关的担忧，但如果那个成年人能经常和詹姆斯聊天，詹姆斯可能会开始感到有足够的安全感，可以告诉对方自己的担心。

　　我在学校和家庭中都看到了羞辱儿童的行为，包括被社会认可的管教儿童的方式，如告诉他们要成熟一点，或者举止要像朋友或邻居的孩子一样。

从某些方面来说，将公众对羞耻感的认识与对含糖零食的认识进行类比很有帮助。在过去，含糖零食被认为适合儿童，但现在人们越来越认识到它们可能会对儿童的健康造成持久的损害。

许多人还没有意识到这种令人痛苦的鼓励服从的方法所带来的负面影响和后果，这就是为什么传播下面这个信息至关重要：羞耻感永远不会引发积极的情绪和结果，它只会让体验过它的儿童创造出很多适得其反的、潜意识的且有害的应对方法。

我们需要大声地谈论这个话题，这样才能够创建出脆弱、共情、善良和同情都是常态的家庭、学校、组织和社会。

思考

1. 你小时候经历过羞耻感吗？那是一种什么样的感受？它对你的生活是否产生了影响？

2. 你能想到你曾羞辱过一个孩子吗，即便你是无意的？

3. 你能想出在学校或社区环境中，儿童会被羞辱的方式吗？

第二章

羞耻感的影响

消极的自我信念

羞耻感是一种痛苦但自然的人类情感。

我们生来就知道自己很脆弱，我们的生命需要依赖别人的帮助才能存活。

我们对于归属有深层次的需求，我们需要与他人产生联结，所以我们有一种根深蒂固的本能，即必须被自己的"部落"接受。

当儿童被细心、有情感联结的照料者引导着经历羞耻体验，照料者能够用安慰、同理心和仁慈的方式讨论并帮助儿童处理这些体验时，这会被儿童理解为自己和照料者都是人，并且相互依赖——照料者是在向儿童确认他们确实属于这里且被接受了。因此，这份羞耻感不会变得充满毒性。

"有毒的羞耻感"存在于 II 型和 III 型羞耻感中，在这两种类型的羞耻感中，儿童会感受到一种巨大的、难以言说的、潜意识中的恐惧，他们害怕自己的需求得不到满足，害怕自己会被抛弃、被拒绝，害怕自己孤身一人和失去"部落"。这会引发强烈且痛苦的情绪和生理反应。羞耻感不仅仅是一种情绪，也是一种深刻的体验，影响着我们的生理系统、同一性、情感和人际关系。

咨询心理学家和创伤专家克丽丝汀·桑德森（Christiane Sanderson）在《处理羞耻感的咨询技术》（*Counselling Skills for Working with Shame*）一书中，描述了这种体验的长期影响。

随着时间的推移，这种慢性或有毒的羞耻感的普遍性及随之而来的强烈和压倒性的感觉会导致个体产生一种信念，即其核心自我是有缺陷的、不足的、不被接纳的。对某些人来说，这些消极的自我信念会变得极具腐蚀性，以至于它们会污染这个人，使他们感觉自己有无可救药的缺陷、不值得被爱，甚至不配活着。

所以，尽管羞耻感是一种再自然不过的人类情感，但它可能会成为最具破坏性的人类情感。它能以其他情感无法比拟的方式破坏个体的自我形象，使个体感到自己有严重的缺陷、被孤立、自卑、毫无价值和不可爱。

生理反应

正如我们在第一章所述，当个体感到羞耻时，会体验到一种突然的、强烈的惊恐、害怕和震惊感，这通常会使他们脸红或感到头晕、恶心，还可能会出现心悸、出汗、晕眩或耳鸣等其他身体反应。通常情况下，个体会想逃走，假如逃不了可能会用手掩面、眼睛朝下看，或者瞪大眼睛处于一种僵住的恐惧状态。随着这些身体反应的发生，当然，每个人的体验都不一样，个体的威胁反应会被激活。你也许听说过战斗、逃跑或僵住反应，这些也被称为"威胁反应"。它以我们的脑干为基地，脑干是靠近颈部后方的大脑区域。我们最基本的一些反应，如呼吸和心率，是以这里为基地的。事实上，这是婴儿出生时唯一发育完全的大脑区域。这一区域与大脑中一个叫"边缘系统"的区域相连，当我们面对某个被它识别为威胁的事物时，边缘系统会让我们的情绪产生恐惧反应。这时我们的身体会释放激素，使我们的身体做好奔跑（逃跑）、躲藏（僵住）、大声尖叫或者进行搏斗（战斗）的准备。

与此同时，当这种威胁反应发生时，个体思考、谈判或反思的能力就"离线"了。大脑掌管理性的部分在前面，被称为"前额叶皮层"。因此，当一个人面临威胁或他们的潜意识认为是威胁时，脑干会做出生存威胁反应（战斗、逃跑或僵住），并促使边缘系统释放激素，以便为采取行动做好准备。这意味着生存反应中的基础神经活动很少出现在前额叶皮层。

边缘系统中的杏仁核将整个大脑设置成惊恐警报反应系统。我会告诉和我一起工作的那些儿童，这就像脑干由于受到威胁而着火了，边缘系统里有一个烟雾警报器（杏仁核），这个警报器被触发并发出了巨大的有破坏性的噪声，以确保身体对威胁做出适当的反应！

当这种威胁反应被激活时，大脑的布洛卡区的功能就"离线"了，它负责发音和语言。这就是为什么当我们刚刚经历了一些非常糟糕的事情时，很难用语言表达自己的感受。

这也是为什么当人们体验过羞耻感后，通常不能立即直接反思或谈论它。他们需要先冷静下来，从这种体验的冲击中恢复过来，然后才能思考和谈论发生了什么，并且他们只能在那些在情感上让他们感到安全的人面前反思或与其谈论。

糟糕的应对机制

自我意识和反思能力受限

当儿童反复体验到羞耻感时，其大脑就会创造出能缓解这种痛苦感受的应对机制。但这些应对机制会抑制儿童的反思能力。反思依赖前额叶皮层。但当一个人持续受到威胁或羞辱时，大脑这个区域的功能就会"离线"，取而代之的是本能的防御行为。在经历或感受到威胁后，人们需要一段时间才能感到平静和安全，然而有些儿童很难回到这种状态。由于感到不安，他们的大脑可能被卡在某个地方，几乎不可能进行反思。当一个人不能进行反思时，其自我意识就无法发展，而自我意识是发展健康的同一性的一个重要方面。

与其他情绪或感受相比，羞耻感与应激反应的生理表现的联系更为紧密……这强调了羞耻感作为唤起阻滞剂的功能。羞耻感会减少个体的自我暴露或自我探索。

消极核心信念

羞耻感是一种非常强烈的生理反应，可能还伴随着强烈的消极认知，如以下这些消极认知：

- 我是个失败者；

- 我就是个白痴；

- 我知道我很蠢；

- 我知道我不可爱。

当一个儿童从周围人那里听到"你真蠢""你给我惹了这么多麻烦""在你来之前，这可容易多了""你就是个惹是生非的人"，这个儿童最终会相信那些关于他的说法。这些话在其内心与被拒绝的经历和他不够好的羞耻感交织在一起。

许多消极核心信念的力量可能十分强大。例如，如果儿童在感到快乐的时候被指责不够体贴，那么他们就会认为"感到快乐是不安全的"；或者儿童因为在成年人感觉不便的时候需要上厕所而被大声呵斥，他们就可能内化这样一个核心信念，即有需求是不安全的。

[理查德的故事]

在露营时，理查德的尿道感染了。他疼得十分厉害，不得不在晚上被送去医院。在那几天，他独自忍受着疼痛。当他回到家时，迎来的却是父亲严厉的斥责："我们不得不带你去看医生，不是吗？"那恼怒的面孔、缺乏共情且严苛的态度，都让理查德觉得自己不正常、不对劲，所以他感到被孤立、孤独和害怕。

* * *

脆弱性和创造力受限

当儿童觉得自己是个"麻烦"，被拒绝或被告知他们不如朋友和同龄人时，他们会变得害怕被拒绝和害怕失败。这种恐惧占据了他们的潜意识，影响他们接纳自己的脆弱和与他人分享真实自我的能力。这反过来会阻碍他们的人际关系及冒险和创造的能力。关于儿童会如何做出反应以保护自己的脆弱，我会在本书第五章展开更多的讨论。

创造力要求儿童承担风险，因为他们的创造可能无法如其所愿。失败是正常创造过程中必不可少的一部分，创造力使人们能够表达自己，让别人看到自己欣赏和热爱的事物。当儿童的内心充满了消极的核心信念和对被拒绝、脆弱的恐惧时，就很难做到上述这些。布琳·布朗相信羞耻感会摧毁我们的创造力和与他人建立情感联结的能力。

羞耻感孕育恐惧，它破坏了我们对脆弱的容忍程度，从而扼杀参与、创新、创造力、生产力和信任。最糟糕的是，如果我们不知道自己在寻找什么，那么在我们看到问题的任何外在迹象之前，羞耻感会破坏我们的"组织"。羞耻感就像房子里的白蚁，它隐藏在墙后的黑暗中，不断地啃噬着我们的基础结构，直到有一天房倒屋塌。

制造残缺只需要进行比较

伴随着新生命的降临所带来的兴奋、宽慰和激动，父母们在听到"你的孩子看起来很正常，一切都很好"这句意味深长的话时，他们通常会如释重负。

但是，无须多久，父母就会对正常感到紧张，取而代之的是，他们迫切需要把这个宝贵的新生命与现实生活中，甚至社交媒体上的其他婴儿进行比较！如果他们的孩子不能像其他孩子一样，在同样的时间内达到某一标准，他们可能就会感到焦虑。父母会不知不觉地在那些小事情上给孩子施加压力，让孩子学习新的技能，以降低父母潜意识深处的羞耻感。这就是为什么羞耻感会成为婴儿早年生活经历的一部分。从父母焦虑的眼神中，从房间里家长们相互比较子女的氛围中，从父母恳求孩子学习一项其还没有做好准备的技能中，我们都可以看到这一点。

儿童很快就会知道，他们会被拿来和别人进行比较：外表、学习新技能的速度、社交技能、学习成绩及其他一切东西。他们也会很快意识到自己是不够好的，这可能会导致形成其同一性的那些基石牢固地建立在羞耻感和失败感之上。

儿童在成长过程中感到羞耻的另一个常见原因是，他们未能符合被期待的角色。尤其那些在外表和行为上不符合传统对其性别期待的儿童，他们经常会因为与众不同而感到羞耻。心理学家克里斯汀·桑德森（Christiane Sanderson）谈到了父母期待对孩子的长期影响，"在一个人的童年早期，角色是他人强加给这个人的预期行为模式，这些模式会演变成人生的剧本。"

没有能力与他人建立关系或联结

当一个人体验过有毒的羞耻感后，这种感觉就会在其所有的人际关系中引发深远的涟漪效应。我们将在第五章中探讨儿童（和成年人）如何保护自己，以及如何应对极度令人恐惧的羞耻感。

最终，在日常生活中，羞耻感带来的痛苦、对被拒绝和被抛弃的恐惧以及感觉自己是一个严重的错误，对任何人来说这些都是难以承受的，所以我们的大脑会想办法逃避这些感受。有些儿童会退缩并避免在情感上与他人联结。有些儿童会否认他们真正感觉到的自己，并创造出一个更好、更容易被这个世界接受的自己。有些儿童变得愤怒、充满防御且很挑剔，他们要么把羞耻感内化了，从而在情绪上表现得很平静；要么把这些感受付诸行动，从而被认为是一个暴躁、挑剔的人。此外，还有一些其他方式可以保护他们不会受到伤害。例如，投射（所以他们永远不会错）、责备他人，或者他们可能会自责甚至憎恨和伤害自己，有时他们通过自残来惩罚自己如此"没用"和不受欢迎。

所有这些不会发生在认知层面，都是个体对有毒的羞耻感到恐惧时的潜意识反应。

[山姆的故事]

山姆总是被告知他需要更加努力，因为他在学校的表现不如他的表兄弟们好。每天都会有人叹着气对山姆说："气死我了，你觉得你的表弟约翰会这样做、这样说、这样表现吗？你能不能向他学习？"山姆从小就试图变得更像他的表兄弟，但他一直觉得自己是个失败者，永远都不够好。他渴望有人能接纳真实的自己，一个和表弟约翰完全不同，但也很有天赋、独一无二、才华横溢的人。成年后，山姆一直在与抑郁症做斗争，他从未感到自己足够好到可以要求升职或和他人约会。

* * *

思考

....

1. 问问你自己："我不想让孩子从我身上看到什么？""孩子害怕我从他们身上看到什么？"
2. 你觉得你所照料的儿童有归属感吗？
3. 你如何看待羞耻感限制了个人的创造力、冒险精神和与他人建立联结的能力？

第三章

羞耻感与脑科学

羞耻感与生理反应

每一个儿童都是独一无二的，所以每个儿童对羞耻感的反应也是独一无二的。有些儿童似乎比其他儿童对羞耻感更为敏感。但我们知道羞耻感与威胁反应有内在的联系，正如我们在第二章所述。

我们来看一个威胁反应的案例。有一个女孩叫莎拉，她的拼写成绩在全班是最后一名。老师当着全班同学的面说莎拉做得有多糟。老师也许是想通过把莎拉和班上的其他人进行比较来激励她，但是，让人感到羞耻永远不是激励的好方法。对莎拉来说，此刻的关键不是糟糕的拼写成绩，而是那种强烈的身体感觉，这是对羞耻体验的反应。这种身体反应发生得如此之快，以至于莎拉还没来得及决定是否不去在乎这次拼写考试的成绩，因为她的身体反应表明这次拼写考试似乎很重要。也许莎拉马上就尿裤子了？也许她晕倒了？或者她僵住了，像一只被车大灯吓坏了的小兔子？或许她很尴尬地笑了笑？她要跑掉吗？她觉得恶心吗？她或许会感受到至少一种上述这些身体感觉。

无意识的身体反应伴随着强烈的情绪和消极的想法，这将会是莎拉所记得的有关这次拼写考试的内容，这一记忆可能更多是在她的潜意识中，而不是在她容易提取的记忆里，并且将会刺激她不再参加接

下来的考试、努力做到完美、作弊、退学、假装生病，或者其他任何能帮助她避免再次感到羞耻的事情。如果儿童无法避免体验到羞耻感，并且经常被羞辱，他们就会形成长期的羞耻感，这会降低其体内内啡肽和多巴胺（使人愉悦的激素）的水平，增加皮质醇和去甲肾上腺素（压力激素）的水平。

当这种原始的无意识的威胁反应被激活时，儿童将很难说话、思考或处理信息。他们的身体会通过释放皮质醇和去甲肾上腺素来保护自己，使他们能够战斗或逃跑。这会使儿童突然间充满能量，他们会变得烦躁不安、好斗或具有破坏性。他们也许会傻笑、开玩笑、逃跑或用其他方式释放身体里的能量。这还会导致他们难以回答关于自己行为的问题或思考自己行为的后果。显然，在很多情况下，这可能会导致他们被斥责，甚至被进一步羞辱。他们真正需要的是一个成年人能迅速赶到他们身边，给予他们共情，保护其脆弱性及亲切、体贴的关怀，而不是同情或怜悯，因为同情和怜悯可能导致羞耻感加剧。如果有一个成年人能帮助儿童处理这种可怕的体验，就可以使羞耻感留存在他们有意识的记忆中，并防止它变得有害。

那些经常感到羞耻和随之而来的强烈威胁反应的儿童，可能会在潜意识中建立一套保护机制，并在余生用它保护自己避免再次经历类似的体验。

大脑如何体验羞耻感

　　研究幼儿的大脑如何开始体验羞耻感，以及羞耻感如何影响他们的发育很有帮助。幼儿的世界正处于迅速变化中，随着他们的活动的增多，主要照料者无法再密切地与他们的动作保持一致，他们也更容易暴露在危险中（如跌倒和伤到自己）。他们会遇到主要照料者偶尔对他们说"不"的情况，这看起来打破了照料者对他们一贯的爱和照顾，他们不得不克服这种破裂带来的震惊和压力。当然，这种破裂和修复有助于幼儿成长，甚至随之释放的皮质醇的短暂爆发也有助于幼儿大脑的生长和发育。当主要照料者为了阻止危险的行为而用不赞成的目光看着一个蹒跚学步的孩子并说："不行！宝贝儿，不能喝妈妈的咖啡"时，这一反应是从交感神经兴奋到副交感神经兴奋的一个突然转变，会造成孩子在体验羞耻感时引发一些身体反应——血压突然下降和呼吸短促。

　　适量的皮质醇对人体似乎是有益的，但过多的皮质醇是有潜在危害的。对于蹒跚学步的幼儿来说，如果主要照料者不赞成的目光一直存在，这些生理和情绪反应就可能变得具有破坏性。但是，如果成年人的脸色转为和蔼、平静，皮质醇的剂量就能有助于幼儿的发育和成长，而且这种破裂和修复可以使他们之间的关系更为牢固，世界也变得更安全。

僵住

当儿童受到羞辱并因此感到害怕时，他们会以毫秒为单位评估当时的情境，如果他们因为对方个子太高、声音太大或太吓人而无法战斗或逃跑，那么他们唯一的选择就是僵住。当儿童被虐待时，无论是身体虐待还是性虐待，他们通常无法战斗或逃跑，所以他们只能僵住以保住自己的性命。

严重的创伤（如虐待）会引发严重的羞耻感，并使个体在潜意识中采取复杂的生存策略。而解离是其中最复杂的一种，它会导致个体的身体可能暂时僵住或停止工作，或者出现更严重的反应。个体可能会出现不同程度的解离。对于那些认为自己消失才是活下去的唯一选择的人来说，解离最终会成为他们的一种应对机制。如果儿童在面临虐待时频繁地感到无法战斗或逃跑，并且他们别无选择只能僵住，解离就会变成他们对恐惧的本能反应。所以，当他们的身体经历难以忍受的情绪或感觉时，他们就会试图消失。这可能会导致复杂的解离反应，这对儿童的生活来说是一种阻碍，除非他们能找到一个成年人安抚、支持他们，并帮助他们摆脱恐惧性麻痹的状态，而这种状态在

"偶然的观察者"面前可能被隐瞒得很好。

解离

解离是一种应对机制，一般出现在当儿童因为太多的创伤和羞耻感而不知所措时。轻度的解离是对持续、过度的刺激或反复的震惊、恐惧的一种自然反应，个体能很快控制自己心不在焉和白日梦的状态，并意识到这一点。中度的解离就变得有问题了，因为它会成为个体应对压力事件的一种本能反应，会使日常生活中断。个体把自己很难应对的部分分裂出去是一种聪明但很痛苦的方法。

儿童可能需要摆脱害怕及恐惧和痛苦的感觉，但这种分离也切断了他们与更积极的情感（如幸福和快乐）的联结。他们可能会剥离或关闭不舒服的感觉，这样他们就感觉不到那些让他们感到害怕的源自身体疼痛的痛苦提醒了。然而，这可能意味着他们也不容易感知到其他身体感觉，如饥饿或需要上厕所。他们可能把某段特定时期的记忆剥离开来，这样就不会在当前的生活中回忆起它们了。然而，即便他们对那段时间没有有意识的记忆，他们的身体可能仍然记得曾经感受过的那种感觉，这可能会导致他们对记忆中缺失的片段感到困惑。

乔安娜·西伯格（Joyanna Silberg）在描述解离这种复杂的生存工具时，曾引用了一个女孩的话，她被迫去看望曾虐待自己的父亲，她说："我的脸在微笑，但我的心在哭泣……"

解离能够麻痹个体的痛苦，使他们的日常生活能够继续。然而，这种分离恐惧、羞耻感和不知所措的内在"力量"可能会让人筋疲力尽、苦恼万分。解离也使儿童能够继续和主要照料者维持关系，即使主要照料者虐待儿童或令他们感到恐惧，但儿童为了满足自己的基本需求已经隔离了这些记忆。桑德森说："解离使得儿童可以对重要的人的背叛保持视而不见，尤其在面对反复的羞耻、侮辱和虐待时。"

具有讽刺意味的是，当儿童、青少年或成年人在被他人恐吓或伤害时，会因为自己说不出话、没能战斗或逃跑而感到羞耻。他们迫切需要机会了解原始的生存功能是如何使他们在难以应对的情境中生存下来的。我们应始终怀着敬畏、尊重和共情的态度对待解离，因为是个体所忍受的这一切导致了他们不得不在潜意识中创造出如此复杂和有问题的反应。

羞耻感的益处

尽管我们都希望儿童从未经历过恐惧和无助的感受，但有时候羞耻感似乎确实具有保护儿童避免生命危险的作用。艾伦·斯霍勒

（Allan Schore）描述了羞耻感是通过活动抑制使儿童保持人身安全的一种方法。如果儿童的反应强烈，如尖叫或打架，那么会导致威胁升级，而抑制或阻止儿童则是有帮助的。在不安全的环境中，活动抑制可以使儿童停止为生存而战，使其身体变得筋疲力尽从而使自己脱离危险。取而代之的是，在情感和心理上，他们会因内化了羞耻感而感到疲惫不堪，但他们成功地活了下来。

羞耻感的信号（如低下头、眼神回避和躲藏起来）通常被认为是服从和让步，这些信号旨在缓和或回避冲突。因此，基于羞耻感与顺从、让步的行为有关，当感到不羞耻、不顺从可能会引发非常严重的攻击或拒绝时，感到羞耻也是降低伤害的一种策略。

无法回忆或讨论过往羞耻体验的原因

从两个脑半球的角度来看待大脑，对于理解一些关于记忆和羞耻的简化概念很有帮助。我们知道大脑有左脑和右脑，我们的大脑将对情感和体验的非言语记忆存储在右脑。当我们能用左脑快速处理和理解自己的消极体验时，其任何有害影响都会被最小化。右脑将收集到的感官体验存储在一起，左脑的作用是对这些体验进行分类和归档，这样它们就不会在没有认知选择和理解的情况下对我们的行为产生负面影响。大脑通过反思、谈论、演绎和理解这些体验来做到这一点。

当儿童经历羞耻时，右脑会将这种体验存储为一种躯体感觉和强烈的情绪。如果儿童感受到的震惊和恐惧太过强烈，而没有一个有爱心、共情的成年人帮助他们处理这种感觉，那么这些躯体感觉和情绪及随之出现的任何消极想法和人际经验就会被隔离起来，并被存储在潜意识中。所以我们很难回忆起自己什么时候曾被羞辱过，以及如果我们真的感到害怕或震惊时自己是如何回应的。

如果年幼的儿童感到尴尬或羞耻，他们需要主要照料者不断地帮助他们感到舒适和安心。这样在他们感到震惊、恐惧和羞耻的时候，大脑就会产生一种熟悉的令人欣慰的反应。这将使他们有能力抵御有毒的羞耻感，在我们的潜意识中，这种羞耻感就像毒药。

[桑德拉的故事]

这个星期桑德拉每天在课堂上都被骂。没有人知道她在家里的情况真的很艰难，对于表哥让她做的事情，她感到很困惑。在晨会上，同学们选举了一周之星，并为那些获选的人鼓掌。然后，让那些有不良行为的同学站起来。在那一刻，桑德拉想大吼，"其实你们都不懂，我一直都很担心、害怕……"她双唇紧闭、头晕目眩，她站在那里却感觉不到自己的身体，就好像身体根本不存在一样。从那以后，她一直努力向别人解释发生了什么事及为什么她有时会感到悲伤，可她的嘴唇仍旧像被锁住了一样。她觉得自己很愚蠢，总是导致坏事发生。

* * *

思考

1. 你身体的哪个部位曾感受到了羞耻感？

2. 你见过儿童对羞耻感的反应吗？

3. 你能说出一些他们的回应方式吗？

第四章

羞耻感的来源

人们可以在很多不同的环境中体验到羞耻感。有时候，儿童感到羞耻仅仅因为他们是人类，于是羞耻感就这样发生了。有时候，当一个人在孩提时代经历过令其对生存感到恐惧的事件时，羞耻感就会在其内心深深地扎根，通常这是因为父母没有意识到那些微小但强大的互动所留下的有毒痕迹给儿童带来的毁灭性的影响。有时候，父母通过让儿童感到羞耻强迫他们顺从和屈服。对父母来说，让孩子感到羞耻可能会收到立竿见影的效果，因为孩子做了父母想要他们做的事情，但可悲的是，孩子在这些时刻体验到的混乱可能会引发消极的应对机制，并且这些机制在他们的日常生活中根深蒂固。

没有人一出生就能体验到羞耻感，但人们认为幼儿在 15 个月大的时候开始体验到羞耻感。这样的早期经验存储在儿童前语言期的右脑感官记忆中，但并没有一个相对应的故事帮助他们理解这种强烈的潜意识感受。这可能会让他们产生不安全感，因为他们会有一种深深的不适感，但却没有认知上的理解来解释它。

不当的养育方式

用恐惧和羞耻迫使孩子服从

有两种方法可以快速地迫使儿童服从，那就是恐惧和羞耻。与儿童谈判并倾听他们，可能会让人筋疲力尽。这需要成年人投入一定的情感，因此对那些在日常生活中已经十分挣扎的人们来说这十分具有挑战性。这可能导致父母有时使用恐惧或羞耻强迫孩子服从。

当主要照料者能安慰儿童，使他们冷静下来，并帮助他们调节自己的情绪、对事件的回应及反应时，他们就被共同调节了。儿童在能够自我调节之前，需要这种共同调节的体验。对儿童来说，通过共同调节帮助他们保持冷静、感到舒适的成年人的声音会变成他们的一种内在声音，这种内在声音使他们能够做到那些在小时候和这个安全的成年人一起做的事情。体验与主要照料者的共同调节，对儿童大脑的健康发展极其重要。成年人需要对自己进行调节，然后才能做到共同调节，从而帮助儿童学会自我调节。但是，在面对儿童的挑衅行为时，成年人也需要被调节，而不是感到无力和愤怒并做出对儿童毫无帮助的反应。当父母对孩子的行为感到无能为力和不知所措时，他们可能需要迅速掌握局面，以便让自己有控制感，这时他们可能会利用恐惧或羞耻让孩子服从。当儿童感到羞耻时，他们可能会很快服从，但无论他们以何种方式本能地对这种巨大的痛苦感觉做出反应，在余生这都有可能成为他们的习惯反应。

早期与成年人的眼神接触

当婴儿看着主要照料者的眼睛时，如果他们从中看到了愤怒或沮丧，就可能会本能地看向别处，以避免进一步被拒绝。显然，如果主要照料者正在与抑郁、不知所措或其他挑战做斗争，他们可能会对婴儿的需求感到沮丧，这可能导致婴儿感到自己不受欢迎和不被爱。这会导致婴儿产生程序性记忆，使他们自然而然地避免看别人的眼睛。当儿童感觉自己不受欢迎，是一个负担、令人失望和厌恶或不可爱时，这就成了一种令人感到羞耻的负担，他们在潜意识里一直背负着这种羞耻感，但却不知道自己所感受到的这种令人疲惫的负担的名字（Ⅱ - Ⅲ型羞耻感）。

[凯瑟琳的故事]

凯瑟琳有一头长发，在她 10 岁时，她决定自己把头发剪短一点。她记得那是拍学校照片的前一天晚上，她在想，如果出了差错，自己就不会出现在照片里了。结果确实出了问题，而且很棘手，因为她说自己当时感觉很不快乐，也不自信，这可能也是她这么做的原因。妈妈带她去理发店，让理发师帮她处理，不过她依然记得妈妈和屋子里的所有人聊天，并且他们都在嘲笑她。第二天，她必须去学校拍照，她希望自己能够隐身。她说这件事对她的影响很大，使她难以接纳自己，也让她一直与焦虑情绪做斗争。

* * *

这就是羞耻感，一种痛苦的状态，当处于这种状态时凯瑟琳从心底里感到恐惧、愚蠢和毫无价值。在上面的故事中，如果凯瑟琳的妈妈能够很快就来安慰她、让她安心，然后帮助她探索为什么她会这样做，同时还向她提供解决问题的办法，当女儿被他人评论时不让她感到难堪，就算不能完全抵消羞耻感对凯瑟琳造成的影响，也能使影响显著地降低。

父母能以多快的速度修复这种破裂的关系，决定了孩子体验到的羞耻感的毒性有多大。羞耻感的短暂爆发会在充满关爱和滋养的关系中快速得到修复，这是我们作为人类的一种正常现象，但这样的"修复"必须是真诚的、情感上温暖的，并且在儿童体验到羞耻感后尽快进行。

虐待、忽视及隐秘的家庭问题

如果一个家庭躲在快乐、健康的面具之下，但实际上却隐藏着深层的问题，如虐待、家庭暴力、父母患有精神疾病或物质滥用，就会引发儿童的羞耻感。如果这个家庭寻求帮助，那么与这些挑战做斗争的家长就可以得到支持，但对很多人而言开口求助太丢脸了，所以秘密还在继续，羞耻感也会变得更强烈、更深层、更隐蔽。

当一个家庭面临令人痛苦的挑战时，如父母一方罹患癌症或其他严重的疾病，家庭成员通常可以谈论这类问题，并且能自由地表达同理心和善意。然而，当父母一方患有精神疾病或物质滥用时，家人往往会把挑战隐藏在紧闭的门之后并假装一切都很好，在这种情况下羞耻感就会在秘密和伪装中滋生。

当儿童在家庭之外建立了足够稳固的关系并感到安全时，他们才可能有足够的勇气冒险告诉关心他们的成年人自己有多害怕，这样这个成年人也许就能为这个家庭提供支持。任何一个儿童都不应该在没有成年人支持的情况下体验功能不正常的、令人恐惧的家庭秘密；任何一个儿童都不应该因感到羞耻而变得焦虑，并为不该由自己承担责任的事情负责。这种羞耻感的隐秘性会造成Ⅱ型和Ⅲ型羞耻感。

混乱的界限

当主要照料者对自己的人性感到羞耻，或者他们让儿童看到他们原始的人性时，羞耻感就会在儿童的内心生根发芽。当儿童被一位对自己的穿着、言行举止和隐私都没有明确界限的成年人照料时，他们也会感到尴尬，并滋生出羞耻感。当儿童感到足够安全，并且可以谈论自己的担忧时，羞耻感才不会在他们的内心扎根，除非他们因为挑战和质疑了父母的界限而被训斥。

青春期

我们都知道青春期会带来一定的挑战，也了解当孩子在这段时期得到肯定和鼓励时，他们就能充满信心地成长，驾驭那些由激素引发的波折。然而，青春期的界限之一就是，要确保不对孩子不断变化的身体进行任何戏谑、嘲笑、注意或评价，因为如果他们内心感到不安全或早期有羞耻感体验，这种不适很快就会转变成羞耻感。青少年常常想掩藏自己的生理变化，但这几乎是不可能的，因此当他们感到自己没有被有爱心、关心和尊重他人的成年人保护时，他们很容易感到羞耻。

来自网络的同辈压力

社交媒体不断模仿公开羞辱，就好像这是一件正常的事。发表意见其实是对人权的一种误解，它滋生了会引发羞耻感的主张、观点和评论，就好像我们的语言没有任何力量，尽管我们不了解背景，但有权利羞辱他人。我们表达自己观点的权利应该有界限，即不能羞辱和批评他人。现在的儿童在阅读网络上公众的评论中长大，这些评论可能会在外表、说话的方式和内容等方面羞辱他人，因此，结果往往是青少年学会了更安全的做法，即隐藏自己并与其他人融为一体，因为挺身而出可能会异常痛苦。由于在网络上充斥着一些脏话，所以避免感到羞耻的行为已经成为我们社会的常态。

别人家的孩子

正如我们在第二章所述，当成年人为了激励儿童在某件事上做得更好而把他们与他人进行比较的时候，儿童就可能因为自己做不到某件事而感到悲伤和羞耻。比较会引发羞耻感，然而，社会似乎在驱使我们进行比较，因为它似乎把比较和羞辱当作正常的行为，并嘲笑那种认为比较会对儿童的情感造成长期影响的观点。

父母经常被教导以管教之名通过比较做羞辱孩子的事："小约翰尼从来不这样做，你为什么总这样？""如果你再这样做，我就告诉所有的邻居。"

老师也会用比较来羞辱学生，但他们往往没有意识到自己所说的话会引发学生的羞耻感。就在这周，我还听说一位校长在大会上当众羞辱表现很淘气的学生，让他们站起来，并公开列举出他们的行为。这会对这些学生的情绪、人际关系、学习和自尊产生长期的影响。

忽视自己的需求

当我们感觉自己有需求时，会试着表达这种需求，但是当我们被告知自己就不应该期待这种需求会得到满足时，我们就会感到羞耻。

当婴儿和儿童需要关注，但却因为这种需要被嘲笑或羞辱时，我们就是在让他们觉得自己有问题。我们经常听到蹒跚学步的幼儿在公共场合哭叫，而大人一般会说"别叫了""男孩不应该哭""你真烦人"。这种内化的羞耻感可能会成为一种恐惧存在于幼儿的核心自我，当他们有其他需求的时候，这种羞耻感就会被激活。这可能导致他们想要否认自己的脆弱和需求，他们会封闭自己的情感，以此作为自己能存活下来的一种方式。

婴儿和儿童需要知道，他们对被关注和情感联结的需求，就像他们对食物和水的需求一样自然。当他们被孤立、被要求在教室门口独自等待，当他们"因为是容易带的孩子"而被放在一辆婴儿车里长达数小时之久时，都会导致他们形成一种根深蒂固的感觉，即被拒绝、毫无价值、被遗弃和对匮乏感到恐惧，并且证实了他们的潜意识中基于羞耻的恐惧，认为自己就是一个错误、一个失败的人。这些消极的体验静静地待在儿童、青少年或成年人的潜意识里，制造出他们自己无法理解的行为和恐惧。

自责

当不好的事情发生时，儿童会认为这都是他们的错，这是他们的一种自然反应。尽管我们知道孩子是无可指责的，不可能是造成恶劣事件的原因，但如果我们能够认识到，儿童发现他们根本不可能责怪照料者这一事实令他们感到失望，我们就更能理解他们的感受。

通常，儿童对自己的脆弱是有意识的，他们对被抛弃有一种深深的、本能的恐惧，以至于他们情愿紧紧地抓住任何可以依恋的对象，无论对方有多么不稳定，因为他们的生存依赖依恋对象，因此对他们来说责备自己更容易。可悲的是，这意味着儿童很容易接受投射到他们身上的羞耻感，即便很微弱。他们可以从拒绝和挫折中学习补偿行为，如隐藏、表现得乖巧，或者创造一个情境以获得他们迫切需要的关注或其他回应。我们将在下一章探讨这部分内容。

因感到羞耻而沉默

可悲的是，我们知道那些伤害儿童的成年人通常会利用让儿童感到羞耻来确保自己的恶行不会被发现。他们确定儿童会感到非常厌恶，以至于无法把他们所做的事情讲出来，因为儿童对自己没有说"不"感到极度羞耻。然而，我们知道在这种情况下让一个儿童说"不"非常困难，因为当威胁反应被激活时，大脑的言语和语言中枢的功能就"离线"了，在这种情况下儿童开口讲话变得几乎不可能。

这就是为什么成年人可能要花数年的时间才会披露自己在童年时期遭受虐待的事实，他们会认为自己的沉默行为十分愚蠢，而这又会带来更多的羞耻感。例如，羞耻感被用来确保被贩卖的儿童和成年人不会逃跑或告诉别人。当我们告诉人们羞耻感的力量，并因此表现出生理症状和潜意识的应对机制来避免可怕的经历以尝试保护自己时，他们就可以开始理解并开启把自己从羞耻感中解放出来的旅程。

期待完美

当一个儿童犯了错，给别人带来了不安或痛苦，但没有被引导识别其内疚、悲伤和尴尬的感受，并学会穿越这个漫长而重要的过程和修复混乱时，这时羞耻感就会散播毒性。当这种情况发生在一个没有温暖和同理心的主要照料者的环境中，为了防止无法应对的羞耻感浮出水面，儿童可能就会成为一个完美主义者，或者为避免自己犯错或失败而做任何事情。格森·考夫曼（Gershen Kaufman）认为，

因此，一个被深深的、持久的缺陷感所累的人，将努力抹去自我的每一个缺陷，以及为了出类拔萃而承受巨大的压力。

如果父母对失败和不完美感到恐惧，并且担心孩子的不完美、天然的童稚可能会让自己失望并损害自己精心雕琢出来的声望，就会导致他们对孩子施加控制，甚至使孩子感到无力、顺从和羞耻的。

让儿童蒙羞的学校制度

学校对学生心理健康问题的认识正在提高，大多数学校表示希望

关注学生的全面教育。但是在学校里，仍有一些人的做法让儿童感到被羞辱了。

一些学校认为，让学生在校长办公室外面站着，让其他路过的学生嘲笑他们，是使他们的不良行为减少的有效方法。有些学校会把标签挂在学生的脖子上，或者在课堂上让他们站起来解释他们为什么没做某件事。我热衷于帮助老师们从学生的角度思考问题，并帮助他们认识到事情往往不是表面上看起来的那样。当我们在决定儿童因未达到期待而导致的任何后果之前，这是一个必要的先决条件。

例如，太多的学生会因为没带午餐、笔、书、作业或其他重要的东西到学校而被羞辱并受到惩罚，但实际上他们能到学校就是一个奇迹，因为他们的家庭很混乱，他们很害怕，或者孤单一人，或者在某种程度上他们需要照顾成年人。我们需要一直努力，使儿童可以拥有一个让他们感到足够安全并能充分讨论他们所面临的挑战的成年人，这样这个成年人就可以和其他人一起为儿童辩护，并帮助他们处理学校那些不切实际的要求。每个老师都需要被教导当学生做出挑衅的行为时，要首先问问自己："我想知道是什么原因导致他们做出这种行为？"

同样值得注意的是，"每一个社交和教育的机会同时也提供了失败的可能性，有核心羞耻感的儿童往往难以参与课堂、与同龄人互动并感到自己是集体的一部分"。

下面这个故事是我在写这本书的过程中收集到的。

* * *

我的女儿 5 岁了，她的老师不喜欢她在课堂上大声打哈欠的样子，所以这位老师让我女儿站在教室的前面，然后让班里所有的孩子都大声地打哈欠，然后问孩子们，他们为什么觉得我女儿如此捣乱。

还有一次，我女儿因为太想我了而哭泣，于是这位老师就让她坐在走廊里，并说我的女儿很蠢，还告诉正在修屋顶的工人，"这个孩子让我很头疼"。在学校上厕所的行为表上，我女儿的名字一再被移到下面，在这所学校，孩子们不得不当着其他人的面把自己的名字移到下面。

这导致我的女儿尿路感染，并且这种种行径导致我女儿非常焦虑、紧张、愤怒。我很高兴她现在完全好了，因为到了第二年，她有了一位和她关系很好的能树立好榜样的老师。

* * *

宗教的影响

一些宗教团体利用羞耻感强迫其成员在行为和思想上保持一致。这是一种强大的力量。

儿童倾向于做那些他们看到的成年人做过的事情，并且通常不会提出质疑，所以对任何组织的期望进行反思、提问和思考很重要。有时候，成年人在潜意识中与某个宗教团体的领袖建立了联系，就好像他们其实还是个孩子，而领袖就是他们的父母，因而他们需要依靠领袖才能存活。因为害怕孤独和失去对群体的归属感，他们顺从地回应领袖的期待，忘记自己是可以做出选择的成年人；他们感到胆怯和担忧，并表现出其他威胁反应。显然，和学校一样，许多宗教团体都致力于努力保护团体成员的脆弱性。但是，了解羞耻感能让人们反思并做出正确的选择。

思考

• • • • • • • • • •

1. 我们怎样做才有利于建立一个不利用羞耻感伤害他人的
   社区？

2. 你或你的孩子最难以面对下列情形中的哪一个：承认自己的
   需求、被比较、网络暴力、保密、完美主义或混乱的界限？

3. 不同年龄的人是如何体验羞耻感的？

第五章

羞耻感的表现

退缩

逃跑、躲藏或变得沉默

　　逃跑反应是对威胁感受的生理反应的一部分，它让我们想要躲起来或逃跑。羞耻感让我们想要藏起来，因为这是个体害怕被拒绝的一种反应。这可能意味着与羞耻感做斗争的人最终会通过变得孤立来逃避这种可怕的感觉，而与他人没有任何情感上的联结反过来又会增加他们的羞耻感，并使羞耻感的其他症状升级。有些人沉默是为了避免人际交往中可能出现的拒绝、失败、困惑和紧张。这可能会导致心理挫败，从而进一步致使他们没有勇气开口说话。有些儿童可能会变得不敢用任何方式表达自己的意见或感受，因为他们已经感受到了被拒绝和不被需要，或者他们可能会不断地要求被倾听，使自己有一种被重视的感觉。羞耻感会致使儿童专注于不被他人看见、沉默寡言、偷偷摸摸和独来独往，从而降低自己被拒绝和进一步感到羞耻的风险。不幸的是，这也意味着他们体验积极人际关系的机会减少了，可能会导致进一步的羞耻、隔离和孤立。

孤独与情感退缩

经历过羞耻感的儿童可以与他人一起玩耍，但他们仍然会感到非常孤独，因为他们觉得自己不被理解，这也会滋生羞耻感。这会让他们认为不被他人理解是自己的错，并让他们更加退缩。正如布琳·布朗所说："疏离会引发我们的羞耻感及对被抛弃、毫无价值感和不可爱的最大恐惧。"

有时候，和那些与你没有情感联结的人在一起会让你感受到一种令人痛苦的孤独。当儿童因害怕感到羞耻而退缩时，他们的毫无价值感和悲伤只会增加，他们会发现自己陷入羞耻感的循环。

当被迫参与社交时，为了避免被拒绝，他们发现自己会顺从或讨好他人，或者变得焦虑并戴上不同的面具来应对恐惧。有时人们会说这些孩子像变色龙，因为不管所处的环境如何，为了避免被拒绝，他们都能融入其中。

不停地道歉

许多人都被教导当给他人带来不便或打扰他人时，我们要为此道歉。然而，有些儿童可能最终会不停地为每一件事道歉，不仅会为自己犯下的错误道歉，还会为任何自己感知到的错误、拒绝或失败道歉。他们需要学会善待自己，而不是为他们的存在向世界道歉。有时，儿童总是说对不起，因为他们在潜意识里感觉或被告知他们就是一个令人失望的人。他们可以在一段温暖且有爱的关系中治愈自己的羞耻感，在这种关系中，他们开始感到自己有价值，可以探索自己潜意识中的毫无价值感。

*　*　*

当我和我的四个孩子在图书馆里时，其中一个孩子需要上厕所。我问图书管理员是否有儿童用的厕所。他们的表情看起来很惊恐，指着我的儿子问是不是他要上厕所。由于我的儿子有这样的需要，他们的脸上露出了厌恶的表情，我立刻感到恶心、胸闷，因为我意识到我是一个不称职的母亲，我为有一个有自然需求的儿子而感到羞耻。我发现为了他不得不去上厕所，我几乎一再地向图书管理员道歉，但又觉得这很荒谬，因为这是所有人类的自然需求！我确信我和儿子讨论清楚了，图书管理员表现出如此震惊的表情是多么愚蠢，我们很好奇他们是否用过厕所。

*　*　*

戴上"面具"

有些儿童和青少年用"面具"作为对付自身脆弱感受的一种方式，甚至会假扮成另一个人，这样他们就能体验到被接纳和归属感。只要能满足他们的需求，他们就会在这个场景中扮演一个角色，然后在另一个场景中扮演另一个角色。对那些毫无价值感和感到羞耻的儿童来说，来自同龄人的压力会对他们造成伤害，因为他们会为了体验到被爱和归属感而牺牲自己的独特性。维持外在的假象可能已经令他们筋疲力尽了，这也解释了为什么他们在思维和行为上缺乏自发性，这不仅限制了他们承担正向风险的能力，还强化了他们的无助感和陷入羞耻循环中的感觉。

这些反应会进一步导致以下行为：

- 很难做出决定或发表意见，以防止自己犯错或被拒绝；
- 没有朋友或只有几个朋友；
- 对自己的感受不敏感或不诚实；
- 感到无力和窘迫，因此在"被看见"的情况下会回避或控制欲很强；
- 讨好他人以避免批评和拒绝；
- 把自己塑造成一个坏人的形象，这样人们就不会试图接近他们。

当儿童和一位不评判或不是只想着快速解决问题的有爱心的成年人一起释放他们的羞耻感时，他们就可以从感到羞耻和破坏性行为的循环中解放出来，否则这些行为和感受就会困在他们的潜意识深处。

顺从和害怕冒险

为了逃避羞耻感，有些儿童和青少年会在行为上对他人百依百顺，在害怕被成年人训斥的阴影下做任何事情。他们很可能害怕表达自己的任何意见，甚至害怕自己因犯错被注意到。顺从通常是一种征兆，表明儿童过于害怕，无法探索人际关系中的界限。他们生活在恐惧中，他们害怕如果自己做了任何被视为没有完全顺从的事情，就会让情况"变得更糟糕"。

在一项对足球运动员的研究中，足球运动员最常见的恐惧情绪是羞耻和尴尬。正是这些恐惧情绪使那些从事体育运动的人不敢冒险，而是选择安全地比赛，以避免任何可能的指责、羞辱和尴尬。当他们一想到队友会把注意力集中在自己的错误上，观众也可能会对他们叫骂和指责，并且他们不得不活在自己在公众面前犯错的回忆和随之而来的羞辱中时，就会让他们感觉这实在太可怕了。当儿童看到公众人物被羞辱时，他们承担风险的信心会受到影响，并且会选择保持安全和避免任何风险。

撒谎或指责

撒谎

　　羞耻感通常会导致儿童撒谎，以保护他们内心的脆弱和对被拒绝的恐惧。撒谎可以保护儿童和青少年，使他们不必面对沉重而强烈的羞耻感，这种羞耻感会引发自我憎恨和自我拒绝的感受。由于儿童不顾一切地想要保护自己免遭羞辱，他们可以把谎言说得如此令人信服，以至于连他们自己也相信了自己所说的谎言。

　　作为一个成年人，回应儿童撒谎的方法是使用爱和同理心，要么暂时忽略它，要么温柔而缓慢地伸出你的手，并伴以一种充满同理心的回应，如讲一个自己小时候因为害怕而撒谎的往事。重要的是，儿童需要成年人耐心地等待，而不是以一种对抗的方式挑战他们，因为这个过程充满了恐惧，面对你作为成年人所拥有的能伤害他们的力量，他们需要爱和鼓励，这样他们才能冒着受伤的危险说出真相。

欺骗

　　和说谎一样，欺骗也是一种应对羞耻感方式，也经常被儿童用来保护自己。当儿童害怕展示自己是谁，害怕"被识破"、被暴露或被拒绝时，他们会下意识地想要欺骗他人。撒谎通常是一个简单的谎言，而欺骗是多个谎言的后果，因为后者建立了一幅更为完整的画面，儿童觉得只有这样才能保护自己，他们希望周围的人相信这幅图画。欺骗是一种潜意识的生存机制，保护人们不必面对现实生活及自己的需求、问题和痛苦。这就意味着儿童根本不会意识到自己是在欺骗他人，因为他们早已说服自己相信这是真的，以掩藏他们的羞耻感。当充满爱、关心和滋养的人际关系帮助这类儿童感受到坦诚待人会获得他人的理解和同理心，而不是失去某一段关系时，由谎言和欺骗织就的团团乱麻就会慢慢地解开。

挑剔别人和投射

当儿童试图逃避痛苦的经历或应对沉重、黑暗的羞耻感时，他们可能会下意识地学会挑剔别人，以减轻这种痛苦。这是一种转移自我憎恨带来的痛苦和感觉自己毫无价值且不受欢迎的混乱情感的方式。如果个体通过对别人吹毛求疵获得了一种解脱感，就会发展成"投射"。这是一种潜意识的应对机制，使得被情绪淹没的人能够管理他们不断升级的自我憎恨和羞耻感。当他们为自己所做的事情感到羞耻时，他们可以把自己讨厌的一切都投射到他人身上，然后批评他人，并号召其他人支持自己一起反对这个人。这样做会对被投射的那个人造成极大的伤害，同时也会伤害他们自己，因为他们过着一种混乱扭曲的生活。他们可能试图掩盖被自己拒绝的自我，这样它就永远不会被暴露，他们"正在编织一张谎言之网，那些谎言如此错综复杂，以至于连他们的身份也是一个谎言……伴随这种虚假的感觉，他们可能会被视为骗子"。

[珍妮的故事]

珍妮 13 岁了，她很受同学们的欢迎，并且喜欢自拍。一天，萨曼莎（一个珍妮视为好朋友的人）在社交媒体上指责珍妮在期末考试成绩上撒了谎，实际上珍妮的所有考试都不及格。珍妮发现有一群女孩经常聚在一起，于是她决定问问她们对她的成绩都知道些什么。然后，随着大量的谎言的流传和同学们的嘲笑，很快整个学校的人都认为珍妮是个骗子。流言蜚语很快就传开了，说珍妮和别人的关系都破裂了，而且她是一个令人讨厌的、爱撒谎的、愚蠢的人。也许知道真相后你会感到惊讶，事实只不过是萨曼莎的考试不及格，而且因为她撒的小谎败露了导致她与其他人的友谊也破裂了，所以当看到珍妮越来越受欢迎时，她感到极度羞耻，于是决定做些事情，确保不会有人发现关于她的真相。一开始只是关于珍妮的一个谎言，后来变成了一个欺骗的网，这让萨曼莎觉得自己很强大，因为她领导着一群女孩向珍妮表达她内心的仇恨。这导致珍妮因为焦虑而退学。事情从萨曼莎想要保护自己的羞耻感撒了一个谎，发展到朋友间的八卦，最后

演变成一个关于扭曲的投射和欺骗的故事，因试图保护自己
的羞耻感而令事态不断升级。

＊　＊　＊

我们需要创造出关注善良、同理心、诚实的环境和社会，在这样
的环境和社会中，我们明白当人们在感受到威胁时，会以复杂、本能
的方式行事，而这可能会导致长期的、灾难性的后果。

但这并不意味着这样做的人就是坏人，这是因为他们受到了伤害，
他们为了保护自己而伤害别人。流言蜚语很伤人，而且往往是建立在
人们的不安全感和自我保护的基础上，而这些往往源于投射和欺骗。

憎恨自己

反复体验羞耻感会导致儿童、青少年和成年人在潜意识中或有意
识地拒绝自己。如果儿童说出这样的话"我真没用，没人爱我""我交
不到朋友，大家都讨厌我""我又丑又笨"，其后果就显而易见了。然
而，很多儿童不会把羞耻之语大声说出来，这些言语一直在他们的脑
海和内心回响。

可悲的是，儿童不仅能让羞耻感成为一种潜意识的挑战，还会让它变成一种有意识的决定，助长他们对自己的愤怒，自我批评、自我攻击和自我厌恶也成为正常的关于自我的内部对话（关于自己的内在信念）。

儿童可以通过表现为自己不适合的人来拒绝自己，或者在自拍时通过减少瑕疵、化很浓的妆或增加滤镜的层数来拒绝自己，从而满足自己对归属感的需求。他们可能会刻意破坏那些能让他们感到快乐和有归属感的环境，因为他们觉得自己配不上它们。

作为关心他们的成年人，我们能做的最有帮助的事情就是与这些儿童建立关系，在这种关系中，我们始终如一地对他们表现出关心和尊重，并表明我们重视他们。然后，我们对他们所说的那些肯定的话语，会慢慢地削弱他们内心消极的自我对话和对自我的憎恨。如果一个人之前一直觉得自己永远都不够好或毫无价值，那么重建大脑的连接可能需要花上一段时间，但这完全可以做到！

愤怒

愤怒是一种自我防御性的情绪，但不是一种应该被压制和管理的

"坏情绪"。它的作用是"隔离自我，以免进一步的暴露，通过主动让他人远离，以避免进一步感到羞耻"。它可以帮助儿童知道什么时候有人做错了事。一旦愤怒作为一种有助于说明事情不对的迹象被承认并被欢迎时，那么如何表达愤怒就成了一个选项。

成年人经常告诉儿童不要生气，所以当儿童感到愤怒时会引发他们的羞耻感，而且具有讽刺意味的是，当他们试图阻止表达自己内心的愤怒时，这种愤怒可能会变得更加强烈。儿童需要知道愤怒是"可以被理解和处理的东西，甚至是有价值的、有益的……"当儿童的愤怒被压制、被否认、被存在的羞耻感掩盖时，它可能会像火山一样爆发，并且针对所有的人。实际上在儿童愤怒时抛向他人的话语中，可能潜藏着巨大的自我憎恨。有时自我憎恨会导致儿童沉默、退缩、缺乏自信；有时儿童会将自我憎恨投射到其他人身上，他们似乎仇恨每一个人，甚至包括试图帮助他们的成年人中最有爱心的那些人。

自毁行为

处理和应对自我憎恨和自我拒绝的另一种方法是自残。当一个人给自己施加痛苦时，这种感受通常会让其产生一种舒服的感觉。这是由于身体释放的内啡肽具有类似药物的效果，但可悲的是，对疼痛的熟悉感也可以给人带来安慰。

刻意破坏人际关系也是一种典型的自毁行为，这是因为当个体深陷羞耻感中时，会认为自己不可爱，不值得被尊重、被照顾和被爱。

作为一种自我安抚尚未被处理或理解的内心混乱和羞耻感的方式，成瘾通常开始于童年时期。显然，这些早期寻求安慰的行为可能会成为个体终身的依赖，这可能会摧毁生命。早期成瘾的事物包括自我安慰行为、糖果、安慰性食物或快速刺激（如看电视、打游戏等）。

布琳·布朗解释了羞耻感是如何导致自毁或其他行为的。

> 当我们感到羞耻时，会感到与世隔绝，并渴望有价值。当我们受伤了，无论是充满羞愧，甚至只是害怕羞耻的感觉，我们都更有可能做出自我毁灭的行为，并攻击或羞辱他人。

同样，帮助有自毁行为儿童的方法是理解、同理心、善良、情感联结、乐趣和笑声；最终，大脑会重新建立连接，疗愈会在隐藏着羞耻的潜意识层面进行。

[杰森的故事]

杰森从四岁起就被叔叔虐待，并且叔叔告诉他如果把虐待的事告诉任何人，他的狗就会被杀死。杰森一直保守着这个秘密，并且害怕有人发现这个秘密而因此失去自己的狗。他的叔叔喜欢来杰森家，并告诉杰森的兄弟姐妹们，他们的哥哥或弟弟正在和多个女孩约会，还编造关于杰森所做的事情。杰森感受到的那份憎恶导致他的内心充满了自我厌恶和愤怒。他不想再过这种感觉被困住的生活，但除了责备自己太过懦弱而无法逃脱、太过胆怯而不敢战斗外，他什么也做不了。羞耻感使他沉默不语，他既害怕又憎恨自己。

* * *

情感封闭或情感隔离

情感封闭

当儿童、青少年或成年人感到自己的"情绪太饱满"时，他们可能别无选择，只能封闭自己的情感。这意味着除了他们不想感受到的那些消极情绪外，他们也无法体验快乐和幸福。情感封闭会带来很多消极的后果，其中包括对免疫系统和神经系统的负面影响，这会导致个体的身体出现疾病。

简尼娜·费舍尔（Janina Fisher）探讨了一些家庭是如何对情感表达感到焦虑的，所以生活在这类家庭的儿童被含蓄地教导说，表达情感可能表明他们很软弱。这可能导致这些儿童由于不堪重负、困惑和害怕被拒绝而封闭自己的情感。费舍尔说羞耻感"可以成为一堵阻隔其他一切情绪的墙，由于你被教导表达情感表明自己是软弱的，于是你就会因为感受到情感而感到羞耻。情感是丢脸的或危险的，这一信息被保存在潜意识的记忆系统里"。

[**罗里的故事**]

"看，妈妈！"罗里说着伸手拉住妈妈的手。他拉着妈妈去看客厅的墙，他用钢笔和压扁的食物在墙上做了一个图案。他抬起头，以为妈妈会对他的创意感到高兴，但迎接他的却是尖叫、泪水和惊恐的表情。罗里的妈妈泪流满面，她一边跑到厨房拿毛巾，一边喊道："你为什么要这样对我。你只会惹麻烦。你就是想让我难过，因为你恨我。"罗里充满笑意的脸立刻垮了下来，呆呆地坐在桌子下面。他哭了，他想知道他的世界发生了什么。现在，他正与被抛弃、被拒绝、不可爱和对孤独感到恐惧做斗争。没有人安慰他，所以他慢慢地远离了他人，把自己的情感封闭了起来。

* * *

情感隔离

在第三章中我们曾提到过解离（即情感隔离），它是对威胁的一种僵住反应。许多受到伤害的儿童都有一种压倒性的感觉，即他们没有做出足够的努力阻止伤害的发生，因此他们责备自己，为自己的"软弱"感到羞耻。这种羞耻的体验如此强大，以至于他们不得不与之分离，以抵御无法处理的强烈情绪。这也意味着儿童可以继续与伤害他们的人保持关系，因为他们把这种经历与羞耻、恐惧的感觉一起从意识中驱逐了出去。

一项研究表明，高达 37% 的强奸受害者会进入僵住状态，这实际上会导致攻击结束后受害者更强烈的自责，以及更多的创伤后应激症状。

僵住可能是一种短期反应，但它也可能发展为一种复杂的解离性内部反应。这是一种本能的、潜意识的应对机制，同时也会产生适得其反的结果，因为儿童无法选择什么时候留在当下，什么时候解离或封闭自己的不同方面。

成瘾

当羞耻感给儿童带来的痛苦过于强烈，或者用来回避它的应对机制被耗尽时，这时剩下的唯一选择就是麻痹这份痛苦。每个人麻痹痛苦的方式是不一样的。在青少年身上，我们看到了诸如在体育运动中赢得胜利的极端动力、让自己挨饿、完美主义者、高肾上腺素活动、聚会或学习等表现。在儿童身上，正如之前提到的，我们会看到其他的成瘾行为，如强烈要求含糖的食物、新玩具、持续的刺激等。成年后，他们经常会继续发展这些成瘾行为，继续麻痹内在的、未被解决的羞耻感带来的痛苦。从本质上讲，任何能让人从强烈的情感和令人痛苦的羞耻感的内心混乱中得到解脱的东西都会让人成瘾。通常成瘾意味着儿童没有学会使用自我调节和自我安抚来安慰自己，而是依赖外部的事物安慰自己或帮助自己逃避强烈的羞耻感和内心的痛苦。和羞耻感的许多表现和行为一样，人们常常也会对成瘾感到羞耻，这会导致产生更多需要被麻痹的情感。我们要停止问"为什么他们会上瘾"。相反，我们应该问"为什么他们会感到痛苦"，因为成瘾行为是为了抚慰深层的、未被满足的需求带来的痛苦。

布琳·布朗认为，

> 我们都有羞耻感。我们的内心都有好和坏、黑暗和光明。但如果我们不能与自己的羞耻感、冲突和解，我们就会开始相信自己有问题——我们是坏的、有缺陷的、不够好的，甚至更糟糕的是我们开始按照这些信念采取行动。

思考

∙∙∙∙∙∙∙∙∙∙∙∙∙

1. 当你的孩子是"独行侠"、表现退缩或假装自己是别人的时候，你通常是如何回应的？

2. 当儿童对你撒谎时，你是如何回应的？

3. 当儿童欺骗你、把自己的想法和行为投射到你身上或对你撒谎（而不仅仅是说假话）时，你是如何应对的？

4. 我们如何才能建立情感安全，帮助那些不得不以某种方式封闭自己情感的人重新感受情感？

第六章

破除羞耻感

在本书的第一章到第四章中，我们探讨了羞耻感的定义、背景、影响及相关的脑科学方面的内容。在第五章中，我们探讨了儿童、青少年和成年人在意识层面和潜意识层面处理羞耻感的不同方式。在本书的最后一章，我们将探讨如何克服羞耻感，如何构建一种羞耻感复原力文化——无论是在家庭、学校、机构还是更广泛的社区。

我们已经证实，儿童的羞耻感首先表现为在人际交往中害怕被抛弃、被拒绝和不够好的感觉。这种早期的童年经历要么被探索、被表达和被确证，要么被内化并变成一种潜意识。有意识地谈论羞耻的经历或体验很少会导致任何潜意识的行为改变或内心创伤，并且在短暂羞耻体验爆发后进行健康的关系修复，能强化那些建立积极社群所需要的亲社会技能。

与儿童建立治愈性的情感联结

当成年人聚焦于帮助儿童变得健康时，我们可以成为他们的助手，阻止羞耻感在儿童的潜意识中变得根深蒂固。当我们成为有同理心、善良、不评判、始终如一、可预测的成年人，并使用温和肯定的语调与儿童沟通时，我们就能使他们感受到足够的安全感，促使他们反思自己的行为和感受。

当我们反思有毒的羞耻感（Ⅱ型和Ⅲ型羞耻感）时，我们就可以重新定义它们，这样儿童就能明白羞耻感是一种充满智慧的应对机制，它能够使他们存活下来，或者为了满足自己的需求与照料者保持痛苦的依恋关系。作为一种应对机制，羞耻感在一段时间内发挥了一定的作用，但当他们反思并能看到羞耻感的进一步影响时，就能够帮助他们慢慢地解开一些复杂的行为。

做到同理心并不意味着我们必须与儿童经历完全相同的事件，但同理心扮演的角色就像"爬出羞耻感洞穴的梯子"，它让儿童了解羞耻感是正常的人类反应，而我们对羞耻感都有着同样的憎恨。

研究表明，当儿童的羞耻经历或体验可以通过父母或熟悉的成年人的善意和同理心得到修复时，这实际上有助于提高他们的适应能力。

　　当一个成年人能定期与儿童进行情感交流时，儿童就会开始习惯这种情感联结的感觉。当儿童没有体验过这些时，他们可能会感到被抛弃，而这种孤独感和被拒绝的感觉会滋生羞耻感。这可能会导致儿童在情感上退缩，对很多人来说，这是一种常见的经历，通常隐藏在行为背后。例如，受欢迎的、忙碌的儿童看起来似乎深受大家的喜爱，并被邀请参加所有的聚会，但他们往往在情感上疏离，内心觉得羞愧难当。建立情感联结需要勇气，但却能让一个人感觉到自己活着且被他人理解，而被他人理解是人类内心深处的一种需求。

建立情感联结的技巧

- 找一个让儿童在情感上感到安全的地方——家或某个他们不会感到尴尬或被同龄人注意的地方。

- 一定要注意自己的身体姿势。在与年幼的儿童交流时，你的眼睛要和他们的眼睛在同一个水平线上。年幼的儿童更喜欢你跪着或坐着和他们一起玩玩具，而年龄较大的儿童可能会觉得和你对视不太舒服，并且感到紧张，所以你们最好关注同一个任务，这可以是任何事情，如搭建乐高玩具、烹饪、制作手工、涂色、修理自行车、园艺、购物等。

- 把注意力集中在保持放松和平静上，因为如果你感到焦虑，儿童就会觉察到这一点，并想要取悦于你，或者他们可能也会感到害怕、紧张。此外，享受和他们在一起的时光，这样你就可以自然而然地对他们的担忧或伤害表现出共情，展现出善意，告诉他们你相信他们最好的一面。对他们已经完成或选择不去做的具体事情给予鼓励。一般性的鼓励（如"你太棒了"）也能发挥一定的作用，但不如具体的鼓励（如"你选择了坚持而不是放弃，我真为你感到骄傲""你知道吗，当那个孩子试图取笑、伤害或嘲笑你时，我留意到你走开了，你能这样做真了不起"）那么有效。

- 确保他们从你的言语中感受到你真诚的关心、同理心和耐心，并小心地选择你的遣词用句，以及在与他们相处时，确保你的面部表情和你说的话保持一致！如果你的面部表情是生气的，但嘴上却对他们说"我关心你"，这只会让他们感到困惑；如果一个成年人在与儿童在一起时总是看手腕上的表或手机，这只会让儿童觉得自己不重要！

- 当一个成年人帮助儿童感受到情感上的联结和关怀时，儿童的羞耻感会变得不那么强烈并开始减弱。

对于任何想要摆脱因羞耻感引发的行为和被相应应对机制纠缠的人来说，最有用的出发点就是心理教育。了解羞耻感的影响、科学知识及如何削弱羞耻感的力量，你就会理解令人恐惧的极端感觉及避免它的必要性。这就是为什么本书的大部分篇幅都在探讨羞耻感对我们的影响，这样我们就能打破围绕在它周围的那种沉默且黑暗的力量。

程序性记忆是一种内隐记忆，它能让我们在无意识的情况下自动记住如何做一些事，如骑自行车、演奏乐器、游泳等。让儿童了解程序性记忆可以帮助他们认识自己的行为方式，以及为什么他们有时觉得无法控制自己的羞耻和恐惧反应。当儿童意识到他们对强烈感受或可怕情境的本能反应时，他们可能会开始注意到，有时他们会疏远、逃跑、封闭、大笑、分散别人的注意力、投射出自己的典型反应，这些都是本能的反应方式。反应是可以重新学习的，只要它被注意到和再次被注意到，然后被反思并被理解为有用的应对机制，最后它们就会取代原有的应对机制。从本质上讲，当一条神经通路能够被识别时，就会形成一条新的神经通路替代它。

消除羞耻的解药是建立一种同理心和诚实的文化，使人们有足够的安全感，免于受到伤害。与他人建立情感联结是发展安全文化的唯一途径，这种文化使人们敢于承担脆弱带来的风险。谈论羞耻感的影响会削弱它的力量并将其公开化，从而减少因隐藏羞耻感而产生的羞耻感。

帮助唤醒儿童的额叶

对羞耻感进行反思和学习需要我们的额叶采取行动，当人们感到害怕或受到威胁时，其额叶就会"离线"。为了使额叶有能力反思羞耻的感受，启动额叶至关重要。所以，我们需要帮助儿童，让他们对自己对不同情境的反应感到好奇。当儿童处于一个内心感到十分安全的地方进行反思并能够保持好奇心的时候，我们可以温和地提出以下问题。

- 当你说感到羞耻时，你觉得你身体的什么地方感觉到了羞耻？
- 当你说起自己被拒绝或感到孤独、不受欢迎时，你的感受是什么？
- 伴随着这种感觉，有哪些话语在你的脑海中盘旋（"没有人要我""我总是把事情搞砸""我真没用"）？
- 你觉得上述这些话是真的，还是它们是你的恐惧？
- 我说些什么能让你觉得更安全、更坚强呢？

儿童也需要学会关怀自己的人性和需求，而不是为此感到羞耻和沮丧。如果他们能听到一位有爱心的成年人用温柔、善良、同理心的声音反复肯定和鼓励他们，那他们就更有可能将这种声音内化并善待自己。当他们被那些谈论失败、需要更加努力、不要那么烦人的声音包围时，他们就会把这些声音内化，并很难再听到他人鼓励的声音。我们需要儿童能够清楚地表达他们的需求，而不是以它们为耻，然后反思自己对此的感受，以及如何满足自己的这些需求。

破除羞耻感的十种方法

当儿童能在情感上与他人建立联结时，他们会感到被理解并且很安全。当儿童因为缺乏与主要照料者情感联结的经验而不知道如何与他人建立情感联结时，他们会感到孤独和害怕。如果他们在潜意识中或有意识地害怕被拒绝、被抛弃或被识破而无法与他人建立情感联结，就会发展出复杂的应对机制，这些应对机制可以消除关系中潜在的痛苦，但也限制了儿童信任他人和体验快乐的能力。

与他人在情感上建立联结需要承受内心的脆弱，爱一个人也有被拒绝的风险，但这是成为一个完整的人和保持内心健康的一个核心方面。人们在关系中受到伤害，也需要在关系中疗愈。然而，我们需要成为"脆弱的探测器"，这样才能在和儿童或成年人一起时，快速地觉察到他们的脆弱，并做出适当的同理心和善意反应。对我们来说可能是正常的聊天，对他们却是需要鼓起勇气才能说出的弱点。对一些正在测试自己是否脆弱的人来说，这些分享自己想法和感受的早期尝试要么使他们建立了对他人的信任，要么导致他们更加退缩。

为了破除羞耻感，并阻止羞耻感在我们所关心的儿童的生活中产生有害的影响，我们提供了以下十种方法。

1. 帮助儿童觉察和识别羞耻感，并谈论其当时的身体和情绪感受。另外，对于年龄稍大一点的儿童，我们要能够使用言语探索那些秘密的、被隐藏起来的糟糕体验的毒性。

2. 帮助儿童探索和反思羞耻感是如何帮助他们活在当下的——也许羞耻感让他们保持沉默，让他们躲起来或暂时封闭自己的情感。然后，考虑一下羞耻感在当时是多么有用，并探讨现在它是如何成为阻碍的。

3. 我们需要有意识地建立一种让儿童能获得情感联结和在情绪上感到安全的文化。我们必须始终不渝地以善良、同理心和关怀为目标，这样人们才能够谈论自己的羞耻感和脆弱。

4. 作为成年人，我们需要学会谈论自己的脆弱、不安全感和对被拒绝的恐惧，这样我们就在向儿童示范如何把这些深深的恐惧当成人类正常情感的一部分。

5. 我们需要帮助儿童识别成年人可能出现的羞耻感症状，这样来自成年人的投射、责备、嘲笑或欺骗行为才不至于对儿童造成具有冲击力的影响。然后，儿童可以向自己信任的人表达他们的担忧。

6. 我们需要表达和谈论羞耻感的力量及其仍旧隐秘的毒性，我们必须建立一种促使人们共同努力减少秘密和鼓励勇敢的文化。

7. 我们需要谈一谈在一些社交媒体上通过使他人感到羞耻来表达观点的令人震惊的常见现象。对此我们要持续地表现出憎恶和震惊的态度，这样儿童才不会认为那些是正常的行为。

8. 我们需要留出时间练习自我关怀，走出自我批评的常态。

9. 我们还要谈论人们对人际关系和归属感的需求。

10. 我们需要教会儿童如何以不咄咄逼人且放松的方式回应基于羞辱的霸凌。例如，当一个孩子对你说"你真矮"，那你就说"对，我个子矮，所以我走得快"，这样做不仅消除了被羞辱的感觉，也阻止了霸凌。

我们并不完美，当我们所关心的儿童按下我们的"按钮"、考验我们或让我们沮丧时，我们会冲着他们大吼或小声地批评，或者逃进厕所里失声痛哭。没人是完美无瑕的，任何看似完美的父母都可能在某种程度上封闭了自己的情感，所以我们不能真正向儿童示范所有健康的情感反应。依恋理论认为，当婴儿的情绪或行为偶尔失调，之后得到抚慰时，他们就会体验到破裂和修复，这使他们比那些没有经历过任何痛苦或烦恼的人更坚强。简尼娜·费舍尔对此也有同感："我们经常试图避免痛苦，避免自己的情绪或行为失调，但实际上我们可以修复它们，共同调节它们，这是一个利用破裂和修复进行心理建设的机会。"

当儿童的行为表现出基于羞耻感的应对机制时，我们该如何向他们提供帮助呢？

- 确保我们的语言将问题行为与儿童自身区分开来。儿童并不坏，他们的行为可能是有问题的，但他们没有。

- 我们需要帮助儿童知晓消极情绪是正常的，有一些表达它们的好方法不会伤害到自己或他人。

- 当儿童感觉自己不够好的时候，我们需要帮助他们，而不是让他们逃避或把这种不好的感觉投射到他人身上，儿童最好和一个关心他们的成年人一起反思，这个成年人可以亲切地对儿童说，尽管他们有问题行为，但他们的核心自我是宝贵的。

- 当儿童犯错误时，我们需要帮助他们，让他们知道自己是正常的。如果儿童的过错伤害了别人，他们可以学着尝试纠正错误。

- 我们需要创造一种反思为什么有些人会以某种方式行事的环境，并假设其存在未被满足的需求。

- 当我们表扬儿童时，他们可能会觉得很难接受，因为他们对自己持有消极的看法。所以，在赞美儿童时要具体到他们完成的那项任务，而不是笼统地说"多好的孩子啊"。同样，要赞美儿童的努力而不是他们的成绩，并允许他们表达看似不相称的快乐。

应对哭闹或愤怒儿童的技巧

如果儿童哭闹，最好的办法就是让他们哭，即使导致他们哭泣的事情与成年人面对的挣扎相比好像微不足道，但同时要确保他们能感受到周围成年人的同理心。当儿童在哭泣或愤怒的时候，我们可以这样说，

- 哭是可以的。

- 感到悲伤、生气或沮丧是正常的。

- 我想知道你当时是否感到害怕、悲伤或不安全?

- 我一直在这里，如果我能帮得上忙的话。

- 你想和我说说吗?

- 一旦你准备好让我帮你，我就在你的身边。

- 你这么悲伤、生气或沮丧，我很难过。

- 你如何用一种不伤害自己、他人或破坏房间的方式表达你的悲伤、恼怒、挫败、烦恼或愤怒呢?

我们要保证一直对儿童说积极的话。如今在社交媒体上有一些负面的言辞、比较、强烈的媒体期望及霸凌，所以我们需要通过使用积

极、肯定的话语来有意识地抵消它们给儿童带来的消极影响。儿童需要我们尊重、理解他们，这需要我们付出一些时间。当我们学会识别他们的性格优势、能力和天赋，当他们做出正确的决定时，我们尤其需要表扬他们。鼓励和赞扬可以帮助儿童击退羞耻感。我们都需要更多积极的话语抵消那些消极的话语的影响，当我们在所关心的儿童身上寻找他们金子般的优点，而不是指出他们的错误和缺点时，他们的自信心和情感力量就会增加，而羞耻感的力量会相应地减弱。

我们还需要记住，我们的故事正在展开，并没有结束，所以我们总会看到改变并找到新的自由。卡尔·荣格（Carl Jung）说："造就我的不是我历经的世事，而是我选择成为的自己。"

生而为人是一份礼物，这份礼物包容了我们所有的人性、脆弱、渴望、心愿、希望和梦想，知道我们都没有看起来那么简单，这使我们能够在建设社会的过程中各尽其才，在这个世界上庆贺自己的独一无二，并相信彼此最好的一面。让我们守护那些被羞辱和生活在羞耻感症状中的人们吧，并向他们始终表示我们的关怀，直到他们能够再次信任自己和他人。

思考

· · · · · · · · · · · · · · · · ·

1. 你如何向周围的儿童表示你关心他们，并且在情感上与他们
有联结？

2. 你感觉与儿童建立情感联结有哪些困难，是要花费时间、很
难专注、容易分心，还是感觉它很陌生？

3. 你能做些什么帮助儿童破除羞耻感？

儿 童 心 理 之 谜
心理创伤，如何避免伤在童年

[英] 贝蒂·德·蒂埃里 —— 著

The Simple Guide to Child Trauma
The Simple Guide to Complex Trauma and Dissociation
Betsy de Thierry

人民邮电出版社
北 京

译者简介

姚小菡

厦门大学外文学院文学硕士，研究方向为英美文学。现任教于同济大学浙江学院外语系，教授《英国文学史》《英国文学选读》等课程，翻译作品有《诸神的黄昏》《奥巴马的美国：捣碎美国梦》《裂变》《希特勒的土地》《极简工作法则》等。

在本书中，负责第一部分"简单创伤及康复"的翻译工作。

高兵玲

精神病与精神卫生学硕士，精神科医师，心理治疗师（主要受训背景和治疗取向为系统式心理治疗）。目前于北京大学第六医院工作。常为心理治疗培训课程提供教材翻译和现场翻译。参与编写《大学生心理健康》《注意缺陷多动障碍儿童心理治疗：系统式执行技能多家庭团体训练》《广泛性焦虑障碍的团体认知行为治疗实操手册》《老年心理辅导师实务培训》等专业书籍。

在本书中，负责第二部分"复杂创伤及康复"的翻译工作。

推荐序一

我应贝蒂·德·蒂埃里（Betsy de Thierry）的邀请，前往她在英国巴斯的创伤康复中心，给她的同事们讲一讲有关依恋的一些研究。我到得比较早，她体贴地领着我到处参观。当然，我看到的只是空荡荡的房间，但当踏进那些不同的空间时，我还是被深深地吸引了。在那里，受过创伤的儿童（有时是成年人）可以用很多种方式表达自己，从痛苦中找到解决、修复的办法，最终获得平静。那里有安静的房间，并且私密性很好，孩子们可以在里面尽情地宣泄；他们可以在墙上涂写——写什么都行；还有一些高高的建筑，他们可以沉浸其中（也能从中找回自我）；还有一眼望不到头的玩偶、黏土、手机、玩具……你能想到的，那里都有。

这本书是一艘穿越时间的宇宙飞船，让你在回顾儿童因虐待、意外事故和常人难以承受的损失而遭受创伤的人生时，从中找到经过提炼的智慧和经验。贝蒂让我们真实地感受到，一个孩子在原因不明的情况下，突然间无法正常思考是什么样子。她帮助我们了解这类儿童时刻处于"红色警戒"状态的缘由，由此我们也能更加深刻地理解，一个遭受过创伤的孩子是如何在没有太多预兆的情况下突然失控的。

但本书并非标准的"工具包"，当下有一些新兴的知识可以提供"直接见效"的工具包，这说明相关研究正得到从业者们越来越多的关注，他们渴望与儿童的"内心世界"进行交流。由于缺乏理论定位和研究方向，有些工具包难免显得单薄。但在本书中你会发现，贝蒂构建了一个理论明晰、基于实证的研究框架，并据此提出了很多有用的想法和建议。

　　这本书从容、快捷地将大量研究，其中包括心理学、社会工作、神经科学、生物化学和遗传学——呈现在读者的眼前，供忙碌又对此话题感兴趣的家长、儿童照料者和从事该领域的专业人士阅读。它将复杂的想法转化为具有"丰富实践价值"的语言，供需要了解儿童内心世界的成年人参考，而非简单探寻他们的愿望和感受。本书简单易读，我已经读了三遍，每次读完都有全新的、不同的见解……所以，享受你的阅读之旅吧！

大卫·施明斯（David Shemmings）教授

大英帝国勋章获得者

推荐序二

非常荣幸我能够向大家介绍这本精彩的书，这是贝蒂·德·蒂埃里的系列图书中的一本。这一系列图书涉及的主题迫切需要被人们理解，并传播给更广泛的人群，但是这些主题很复杂，并且难以消化，作者以其特有的方式将这些主题讲述得通俗易懂，其中提供的方法也很实用。

出于多种原因，我们很难想象创伤，尤其是复杂创伤。按照定义，创伤几乎是无法控制和无法想象的，不仅会影响创伤的受害者，而且还会影响其周围的人，包括专业人员。这种替代性创伤是一个非常严重的问题，通常会导致倦怠和创伤后应激障碍（Post-Traumatic Stress

Disorder，PTSD）等症状。

　　创伤有许多不同的类型，每一类都需要特定的处理方法，我们中的很多人可能用了很多年学习这些处理方法，而结果却经常是治疗无效和让来访者失望。贝蒂·德·蒂埃里使我们能直截了当地学习这些知识。在我的大部分职业生涯中，没有人意识到与某人谈论他们的创伤可能不仅不会有帮助，反而会重新触发创伤，导致创伤症状再次出现。当然，在早期，我们对解离、现实解体或人格解体等了解甚少，更不用提现在所说的解离性身份障碍了。现在，我们知道，在许多严重创伤的案例中，这些症状很重要，但仍然很容易被遗漏。蒂埃里手把手地教学，带领我们走过这个复杂且可怕的迷宫，在阅读这本书时，读者会松一口气，因为在这个可怕的迷宫里出现了一条清晰的道路。

　　发展性创伤的悲剧在于严重影响个体人格的根基，蒂埃里阐述了其发生的机制。太多遭受创伤的儿童和青少年没有得到康复所需的帮助和理解，或者无法重新建立起对生活的希望和信心。他们中的很多人被不恰当地诊断或归类，如被诊断为注意缺陷 / 多动障碍或自闭症谱系障碍，或者被归为"品行不良者"或"罪犯"。然后，这些遭受苦难和需要援助的人感到迷失了自我。其实，他们的康复仅仅需要持久的充满理解和关心的关系，在这种关系中，他们可以对自己成长、爱和被爱的能力建立信心，并由此开始从创伤中康复。

许多遭受创伤的儿童看起来似乎不讨人喜欢、不友好、不信任他人，也无法激发关键他人提供帮助的意愿，这会使得情况变得更糟糕。例如，许多创伤幸存者都在试图做到基本的人际互惠，却不了解人际关系是如何运作的。他们常常错过合作或相互照顾的基础阶段，甚至不能识别他人的良好照顾，更不用说接受了。

在过去的几十年里，我经常看到遭受虐待、创伤或忽视的儿童，因在早年生活中发展出来的为了生存下来所需的特征而受到惩罚。过度警觉、神经质或反应过度通常是他们在原来的家庭中所需要的，但在学校或收养家庭中却成了障碍。许多人挣扎于任何他们无法控制的新奇的、不确定的事情，也许是学校常规的改变，如临时老师代课。这些看似很小的事件可能会引发儿童的混乱、行为失控或退缩行为，所有这些迹象都表明儿童的内心极度焦虑、对生活缺乏基本的信心、几乎不相信新的体验可能会带来好的结果。

我们在很小的时候就学会了基本的关系模式，如放松、为麻烦做准备或者麻木的解离。同样，我们通常会通过语言来学习是依赖他人还是自力更生，是充满希望还是恐惧，是信任还是怀疑，是紧张还是轻松。遭受创伤的儿童很少会期望获得好的结果，也不太可能相信依赖他人或表露脆弱是安全的，他们往往在他人感觉安全时看到危险。

很久以前，西格蒙德·弗洛伊德（Sigmund Freud）提出了享乐原则，这个原则很容易理解，即人类像大多数物种一样，会追逐快乐而避开痛苦。对于很多陷入困境的儿童而言，人际关系和亲密关系意味着危险而不是愉悦。这种对人际关系的期望，即我们的内部工作模式，会影响我们的思维和身体对新环境的反应。

当我们感到安全时，与休息和消化相关的神经系统就会开始运作。这有助于促进建立信任和亲密关系。这还有益于身体健康，如降低心率和血压，加深呼吸，有益于消化系统和免疫系统。然而，当生活变得充满恐惧和危险时，这种积极的情绪系统就会关闭。在本书中，蒂埃里提供的建议易于遵循，可以指导我们处理这些复杂的问题。

对创伤的理解是有效处理创伤的前提，本书巧妙而深刻地描述了对创伤的基本理解。我们需要了解，人们何时需要帮助以增强具身认知，如何识别和处理解离状态，何时面对创伤性记忆以及何时建立安全感和良好的内部资源。我们需要了解，什么时候尝试降低反应性恐惧是有帮助的，我们如何做才能促进幸存者的安全感及对他人开放。

出于充分的原因，治疗鼓励人们处理困难且恐怖的经历、痛苦的情绪、攻击性或令人绝望的部分人格。我们在这本书中会读到对创伤的新的理解，了解为什么建立积极的、基于安全感的状态至关重要。让人们过早地触碰创伤，就像用锋利的器械直接划开伤口。这可能会引发二次创伤，使防御加倍，更令人担忧的是出现解离症状，后者包括闪回和感觉过去发生的可怕的事情在此时此刻又重现了。本书向我们展示了如何帮助遭受创伤的儿童建立和发展能够提供安全感、镇定和信任感的这部分人格，这些都需要在面对创伤之前逐步建立起来。只有从这样一个积极的角度出发，我们才能安全地重新审视和处理创伤经历。

蒂埃里很好地把握了这些要点，她没有逃避创伤经历的复杂性或令人恐惧的特点，而是始终使它们易于理解、可以忍受，并给予我们勇气去了解创伤是可以处理的、痛苦是可以面对的、成长始终是可能的，以及哪些工具是有用的。对此，治疗师、专业人士、父母和护理人员将会心怀感激。

格雷厄姆·米尤克（Graham Music）博士
Tavistock centre 儿童心理治疗顾问、私人诊所心理治疗师

前言

这本书是写给那些有志于帮助创伤儿童的成年人的，愿他们照料下的儿童能从过往不幸的人生经历中康复。在本书中，"儿童"一词指18岁以下的儿童和青少年。

创伤可以定义为使人感到恐惧、无能为力和不知所措的事件。创伤会影响儿童的身体、大脑、记忆、情绪、人际关系、学习和行为表现。

目前，许多遭受创伤的儿童会得到许多不同的医学诊断，如注意缺陷/多动障碍、对立违抗性障碍等。根据我与数百个家庭工作的经验，做出诊断的人并没有考虑儿童的创伤经历，而是提供了表明这些疾病的病因不明或源自遗传的不良标签。

在精神卫生系统中，人们很少探讨儿童过去的遭遇与他们现在的反应之间的联系。因此，我们似乎没有可用的知识和技能帮助儿童缓解创伤症状，并使他们的生活恢复正常。

我相信康复总是可能的，人们能够从严重的影响生活的创伤症状中恢复，过上和普通人一样的生活，我手中的大量临床评估结果都显示了这一变化过程。

我写这本书是基于这样一个前提：如果一个人在生活中有过以下时刻，即无论是因为不堪重负且缺乏帮助从而感觉孤单和被抛弃，还是因为被他人伤害进而感觉自己的生存受到了威胁，那么这就是创伤，他很可能会因此出现一些内隐或外显表现。

越来越多的人开始了解童年不良经历（Adverse Childhood Experiences，ACEs）这一概念。不良经历与创伤之间的区别在于，不良经历描述的是经历，而创伤则描述的是这种经历的短期和长期影响。

我认为我们需要让儿童了解，创伤的大部分症状正是他们的经历导致的应对机制和防御系统。这与从自行车上摔下来导致腿部骨折的人没什么不同，如果我们的腿部骨折了就需要做一些治疗帮助愈合；当儿童的心理受到了伤害时，就需要适当的治疗帮助他们痊愈。由于不了解创伤的影响，许多年轻人担心自己出了问题，并对康复不抱有希望。当然，可能存在所谓的"共病"，即儿童同时存在其他一些医学问题，如胎儿酒精综合征、癫痫、自闭症或其他健康问题。我们不能假定一切都是由创伤造成的，但是我们可以始终戴着"创伤的眼镜"，看一下我们能做些什么以缓解创伤症状。

当然，研究看不见的事物是很复杂的！随着我们对无形的潜意识和心理的了解越来越多，相关的思想、研究和观念也在不断地变化。

一些遭受创伤的儿童被诊断患有创伤后应激障碍。还有许多遭受创伤的儿童被诊断为其他无法表明其有创伤史的疾病，因此影响了康复过程。可悲的是，当儿童长期被诊断为"行为问题"、注意缺陷 / 多动障碍或对立违抗性障碍时，有时会导致他们无法发挥自己全部的潜能。2009 年，美国国家儿童创伤应激网络的巴塞尔·范德考克（Bessel van der Kolk）博士及其同事提出了"发展性创伤"（Developmental Trauma）一词，以此来概括多种童年创伤的影响。他们希望将其纳入《精神疾病诊断和统计手册（第 5 版）》（*Diagnostic and Statistical Manual of Mentel Disorders*，DSM-5）。诊断标准包括：创伤暴露史，情感和生理失调，注意力和行为失调，自我和人际关系失调，创伤后应激谱系症状。症状必须持续 6 个月或更长时间，并且显著影响个体的社会功能，这样才能达到诊断标准。遗憾的是，这个概念没有被收录在 DSM-5 中，但是现在人们仍然经常使用它。

创伤经历及其影响的严重程度不能以一概全，本书将对此展开讨论。Ⅰ型创伤是单一创伤，Ⅱ型创伤是长期创伤，Ⅲ型创伤是反复出现、持续时间较长的创伤，可能包括来自那些本应照料儿童的人的伤害。本书第一部分主要涉及Ⅰ型和Ⅱ型创伤，我们会依次了解创伤的定义、儿童对创伤体验的反应，以及创伤对我们的影响；第二部分主要涉及Ⅲ型创伤及其影响和康复。

本书第一部分的内容很基础，似乎早应被大家熟知，可事实上却鲜少被教授或谈论。我们中的许多人已经承载了太多的要求、期望和负担，这本书不应再给大家增加任何负疚感。相反，它应该带来一些启示，让我们重新审视那些可能引发困惑和痛苦的行为、感受和反应，从而达到减压的目的！

美国国家儿童创伤应激网络（The National Child Traumatic Stress Network）对复杂创伤的描述为：

> 复杂创伤不仅指儿童遭受了多种创伤事件（通常是侵入性的人际关系），也指这些创伤所带来的广泛的长期影响。这些

事件是严重且普遍存在的，如虐待或严重忽视。它们通常发生在儿童生命的早期阶段，可能破坏儿童成长的许多方面并阻碍其形成自我意识。由于这些事件通常来源于照料者，因此也会干扰儿童形成安全依恋的能力。

我认为仅仅靠诊断和药物并不能治愈创伤，因此本书提出了康复框架作为替代方案。

在主要的心理健康手册中，关于解离障碍存在一些争议，当然还有很多误解。一些人存在本书中提到的症状，但他们大多数被诊断为其他疾病，如边缘型人格障碍、双相情感障碍、注意缺陷/多动障碍、品行障碍、对立违抗性障碍等。多年来，该领域一直存在争议，但是康复框架是一种通俗易懂的方法，可以解释遭受心理创伤的人的某些行为、记忆混乱、生存和保护行为，并提供改变的希望。当前，在大多数心理咨询、心理学或精神病学培训课程中，都缺少对复杂的解离这一主题的研究，因此仍然很少有人有信心帮助这些患者。

在本书中，我总结了一些想法和实用的建议，以帮助儿童从创伤中康复，而不是让创伤影响儿童的一生。

我写作此书的初衷是带来希望。书里有一些实用的建议，或许会适用于你所处的环境，无论你是来自创伤家庭，还是在专业机构中照料创伤儿童，抑或你本人正在抚养或照料遭受过创伤的孩子。

希望读完这本书后大家的压力和烦扰都能减轻一些！

目录

第一部分　简单创伤及康复

第二部分　复杂创伤及康复

第一部分

简单创伤及康复

第一章

了解创伤

首先，我们要探讨什么是创伤，以及它是如何影响人们的情绪、行为、学习能力和人际关系的。

借助这些知识，我们就能帮助儿童从生活抛给他们的充满挑战的经历中康复，或许还能帮到已经成年的你，教你在必要的情况下如何自我疗愈。

压力、危机和创伤是有区别的。

绝大多数儿童都会有压力，如果这种压力仅限于特定原因（如某种新体验或某次表演）下短暂、急剧的迸发，那么它会成为一种正向的经验，为儿童加油，助推儿童成长。

许多儿童都经历过危机，但在主要照料者的情感支持和引导下，他们会安然渡过这些危机，并且不会留下长期的负面影响。

什么是创伤

来自儿童创伤康复研究所（Institute of Recovery from Childhood Trauma）的专家们对创伤下过一个非常有用的定义："创伤是指一个或一系列事件，如虐待、伤害、忽视或其他不幸，这会引发个体深刻的无助感，最终导致个体感到恐惧。"

创伤让我们的安全感坍塌，它击溃了我们内心的稳定和信任，打碎了我们的纯真。

创伤是一种毒性压力。当创伤长期存在且儿童又无力改变这种持续性的可怕经历时，就会产生毒性压力。它会在短期内对儿童产生影响，如果儿童没有得到适当的回应来帮助他们恢复，将会对他们造成长期的影响。

下面让我们看看创伤是如何影响我们的。稍后，我们还会探讨有利于儿童从创伤中恢复的回应——因为我们每个人都能为此出一份力！

了解创伤连续谱

创伤连续谱有助于所有与儿童一起工作的人使用同一种语言，进而使儿童能够接受适合其创伤反应程度的适当干预。创伤连续谱如图1.1 所示。

I 型
单一创伤事件

II 型
多次创伤事件

III 型
多次、反复且广泛的创伤事件，自个体幼年开始，持续到现在

图 1.1　创伤连续谱

我们需要将创伤连续谱与养育能力或环境连续谱一起考虑，这能够说明创伤经历的影响可能有多大。遭受创伤的儿童的照料者的养育能力或环境连续谱如图 1.2 所示。

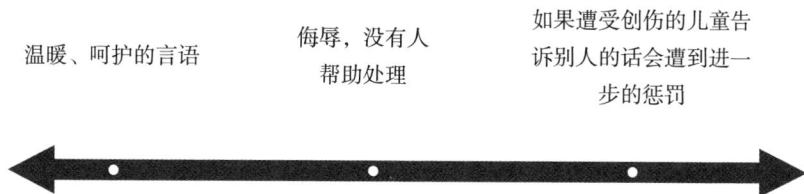

温暖、呵护的言语

侮辱，没有人帮助处理

如果遭受创伤的儿童告诉别人的话会遭到进一步的惩罚

图 1.2　遭受创伤的儿童的照料者的养育能力或环境连续谱

创伤经历可能是反复的霸凌，丧亲，身体、性或情感虐待，家庭

暴力或虐待，一次事故，需要医疗干预的严重疾病，父母的身体或精神疾病，暴力和忽视等。

I 型或"单一创伤事件"通常定义为一次性的创伤事件或危机。单一创伤事件令人难以应对和感到痛苦，并且有可能对儿童造成伤害。这类创伤通常较少被污名化，因此，其他人通常会对受害者做出回应并给予支持，而受害者本人也可以谈论这些经历。I 型创伤被置于创伤连续谱的最左端，特别是如果这类创伤发生在一个稳定的家庭中，而且所处的文化也能理解处理创伤的困难，那么这类创伤造成的伤害可能会明显减少。

创伤连续谱根据儿童经历的创伤程度、不同创伤的数量及其处理创伤和康复所需要的社会支持和家庭依恋水平进行排序。II 型创伤涉及反复的令人恐惧的经历，并且由于震惊、可能的威胁、忠诚问题、混乱、恐怖和感到无能为力造成的解离症状，致使受害者很少谈论这些经历。III 型创伤或复杂创伤位于连续谱的最右端，涉及多种不同的创伤经历，这些经历通常是严重的、反复出现的且自个体幼年时就开始。这些经历可能是儿童遭受多次虐待或常年被忽视（普遍性的被忽视），并且由于照料者缺席、疏忽或无力应对创伤，儿童所处的环境没有以康复取向的方式处理或谈论创伤经历。复杂创伤通常涉及人际暴力、侵犯或威胁，如反复的性虐待、被贩卖、酷刑、有组织的虐待或严重忽视，并且持续时间更长。由于被污名化，这类经历几乎总是引起受害者强烈的羞耻感，进而导致他们沉默，并感到孤独、与众不同。

什么是复杂创伤

我们可能很难定义复杂创伤，但在本质上它是一种持续、反复或突然的创伤经历，而不是一次性的或短期的同时存在一定情感支持的创伤，后者可以称为 I 型创伤。复杂创伤可能源于生活经历，本应照料儿童的成年人无法为他们提供照顾甚至伤害他们，并且这通常始于儿童的早年。关于复杂创伤的学术讨论有很多，有时人们会使用新名词"发展性创伤"代替复杂创伤，这个词更好地描述了儿童的经历和随之而来的挑战。有时我们也称之为"人际关系创伤"（interpersonal trauma）。复杂创伤可能是虐待、忽视、混乱的家庭或突然的重大医疗干预，身处其中的儿童感觉压抑、恐惧和无能为力，而成年人的表现似乎一切正常。通常，儿童会有极度的无力感，他们无法逃避或谈论这些经历的感觉是压倒性的内心痛苦的一部分，这进而导致儿童建立一些应对机制，如解离症状。作为儿童，为了在持续感到恐惧和无法得到满足的环境中生存下来，其大脑的发育可能会发生变化，然后他们对世界和自己的看法也会发生变化。试图表现"正常"、行为与年龄相符、好像没有发生任何异常事件，这些挑战可能会令他们不知所措，并导致各种行为问题以掩盖内心的绝望和不知所措，从而使他们的脆弱性不易被察觉。简尼娜·费舍尔（Janina Fisher）总结了经历复杂创伤的儿童的一些体验。

> 感到无助，不知所措，能力不足，脆弱，恐惧和孤独，生活经验是无处投靠、无处躲藏、无人相助。每个人可以利用的唯一资源都位于体内：割裂联结，麻木，解离，神经化学物质（如肾上腺素和内啡肽）改变，以及本能的防御生存反应（如战斗、逃跑、僵住、屈服及依附生存）。这些便是"非常时期需要非常手段"。

现实情况是，我们所谈论的许多儿童可能正为各种各样的行为感到痛苦，这些行为看上去令人担忧、奇怪或未被察觉。下面我列出了一些儿童因遭受创伤（I 型、II 型或 III 型）导致的常见行为表现。

- 儿童可能会感到焦虑或过度警觉，伴有感官敏感，当感觉灯光太亮、车厢里太暗、声音太大、米粒太硬或太湿时，他们会尖叫或乱跑。
- 他们在学校的表现还算正常，但是在家里会乱踢、咬人、毁坏他们的房间、尖叫、随地大小便和伤害兄弟姐妹，或者在学校里也表现出这些行为。

- 他们可能会争斗、打架、捶打、撕扯、大喊大叫、乱跑、乱咬，然后崩溃、吮吸拇指、摇晃，但不允许任何人安抚他们。

- 他们可能会离家出走，告诉陌生人自己的父母不称职，打电话给专业人士，对父母说谎话，并破坏父母所做的试图表示关心他们的一切事情。

- 他们可能需要非常严格的例行程序，包括吃某种颜色的食物，睡觉时盖很多衣服，在小狗的窝里睡觉，在自己的床以外的任何地方睡觉，或者整夜辗转反侧、难以入睡。

- 他们可能在学校表现正常，在家却无精打采、恍然如梦，似乎对现实一无所知，忘记了一切。

- 他们可能会很顺从，害怕自己表现得很调皮，所以他们尝试帮助每个人，对所有事情说"是"，按照别人说的去做，然后感到筋疲力尽。

- 他们可能总是盯着电子屏幕，当被要求放下电子设备时，他们会摔打、尖叫并大怒。

- 他们可能拒绝回应别人叫他们的名字，并坚持让别人叫他们不同的名字，他们的名字似乎每天都不同。

- 大部分人可能觉得他们很正常，但一些人能看穿他们的表象，他们好像戴着一些面具隐藏自己从能干到不能干、从抑郁到防御、从伤心到指责的变化，同时在内心隐藏着深深的耻辱感，并拒绝接受自己的真实身份。

- 他们可能会发现自己靠近毒品或成瘾物质，他们感觉被这些东西的气味吸引，他们无法理解为什么，然后他们会陷入麻烦，因为人们对此有各种猜测，而这会激怒他们。

- 他们可能会很健忘，好像不记得重要的事件、特殊的旅行或日常活动。

- 他们可能是快乐的儿童，然后突然变成狗、狐狸或兔子，拒绝言语沟通，而是像动物一样爬行、吠叫或表现。

- 他们可能一会儿很乖巧，一会儿变得强势、好斗和生气。这种变化可能会令人感到非常震惊和困惑。

- 当被指责时，他们可能会说自己没有做那些可怕的事情，并且表现得很有说服力。即使整个班级的人都看到他们做了，他们也可能会怪其他人。他们说谎时似乎充满了自信。

- 他们可能会心不在焉，发呆，几乎不能专注于任何事。

- 他们可能总是在吃东西，囤积"东西"并偷窃，他们的房间里有成堆的"东西"。

- 他们可能会抑郁、退缩，然后感到焦虑和沮丧，由于感知到的声音和内在的混乱，他们可能会掩面扶额，好像头很痛一样。

　　问题在于，这些儿童承受了太多的苦难，这让他们不堪重负，现在当他们试图应对持续的恐惧症状时，他们感到无能为力，以至于他们要么采取内部行动（即内向性行为，如自我厌恶和抑郁，这些不总是清晰可见的），要么采取外部行动（如外向性行为，这些可以清楚地看到）。

乔安娜·西伯格（Joyanna Silberg）说："他们独自忍受了创伤，但渴望得到理解，并希望能够从这种理解中得到治愈。"

评估创伤

创伤可以定义为儿童感到恐惧、无能为力和不堪重负并超出其应对能力的任何经历或反复经历。它会在儿童的神经系统、情绪、身体、行为、学习和人际关系方面留下烙印。虽然甲之创伤对乙不一定是创伤，但是，创伤对儿童的影响程度通常与其在经历创伤之后向安全、熟悉的成年人寻求安慰和保证的能力有关。

我们认识到，许多儿童无法找到与重要他人的情感联结和安全空间，其中的原因有很多，包括重要他人不能向儿童提供其所需的帮助，或者重要他人本身就是威胁或恐惧的来源。在聚焦创伤康复的文化中，我们认识到不能随意假设，并且永远不要羞辱或责备任何人，因为我们不知道他们经历过什么。

在经历恐惧、无能为力和不堪重负的事件后，儿童通常不得不开发一些创造性的应对和生存方法，其中有些方法持续的时间可能比创伤经历还要长。最终，所有人都努力确保自己安全并远离可怕的经历。

我们可以看到，面对复杂创伤，当儿童无法保证自己的生理安全或远离创伤时，他们不得不在心理上远离自己。这些应对机制有时可能很难被注意到，因为儿童通常不会谈及任何可怕的事情，如果我们不了解创伤而只看当前的情况，那么从他们的行为中似乎看不出任何与创伤经历有关的迹象。

当我们使用"创伤"一词时，重要的是首先要思考儿童经历的事情及其影响，因为用"创伤"来涵盖儿童各种不同的不良经历及其反应，并不能帮助我们了解儿童不堪重负和恐惧的程度。

许多为创伤儿童提供的情绪或心理方面的帮助并没有考虑复杂解离的存在，因此从长远来看这类帮助可能对儿童没有用。我们的干预方案始终需要聚焦康复，聚焦儿童的长远健康，而不是聚焦调节或者聚焦我们自己和我们的能力。聚焦康复的框架为创伤儿童的康复提供了希望！

哪些事情会对儿童造成创伤

儿童会汲取其周围的一切，对于关心儿童和青少年的成年人来说，这一点颇为棘手。但很遗憾，他们的确会汲取周围发生的一切——即使是那些无声的信息，如家中令人紧张或恐惧的气氛。

人们很难对此进行检视和思考，因为这会让我们这些成年人因自己的"不完美"而沮丧。然而，了解儿童是如何遭受创伤的至关重要，这样我们才能陪伴他们走出阴霾，让他们拥有不被自己看到、听到、遭遇到的事情影响的未来。

如果你在读这本书，那么表明你是一个有爱心的人，你希望自己所照料的儿童能拥有一个顺遂的人生。

也许，你希望这些和你同在一片天空下生活的儿童能拥有你所没有的机会，能懂得你儿时未曾体会过的爱与自我价值。

任何带有恐惧主题的环境都会对儿童造成创伤。他们会沉浸在成年人制造的愤怒、挑衅、冷漠或疏离的氛围中。

他们会察觉到一种"情感冻结"的氛围。在这种氛围中，成年人无法自在地表达情感，最终只能寻找其他方式应对情感交流的需要。

当儿童察觉到周围紧张、焦虑的气氛时，他们要么也变得焦虑，要么采取防御机制以找到应对焦虑气氛的方法，如冒险行为、情绪封闭等。

即使在没有目睹任何暴力或愤怒场景的情况下，儿童也能察觉出愤怒、挑衅的气氛。他们不仅会感受到，而且会将其内化，随后这些情绪就会以某种方式通过他们的行为"泄露"出来。

儿童之所以会遭受心理创伤，是因为他们曾经有过糟糕、恐怖、令人厌恶或不愉快的经历，当时却没有成年人帮助他们渡过难关。有时他们的内心会陷入那一时刻，多年之后依然会感到恐惧不安。

如果儿童缺乏关爱、缺乏情感联结，他们就会感受到深深的悲伤、孤独和恐惧，无法正常成长。并且只有在他人的帮助下，他们才能摆脱这些强烈的情感。

如果周围发生的事情令儿童感到恐惧，而身边又没有一个成年人帮助、引导、陪着他们处理当前的状况和照顾他们的感受，他们就会遭受创伤。

如果儿童被本应该照料他们的成年人虐待，之后又因为害怕而不敢告诉任何人，他们也会遭受创伤。他们不会向他人说发生了什么，如果被问及，他们甚至可能会说自己感觉良好。他们也许还会微笑甚至大笑（他们这样做通常是为了掩饰内心真实的恐惧），但他们的内心可能终日惶恐，害怕被人发觉，害怕自己受到更大的伤害。虐待常会让他们感到羞耻和窘迫，他们往往会把不幸归咎于自己，但这永远都不是他们的错。

如果儿童想与成年人分享书籍、玩具、新闻，或者他们的苦恼和想法，而成年人总是拒绝他们，让他们"走开"、对他们大喊大叫、把他们推开，或者直接说他们很烦，让他们安静点、别这么讨人厌，他们也会遭受创伤。

儿童对此的解读是：自己一定很坏，必须更努力才能被接受和关爱，或许还会通过看起来"无缘无故"的行为表达自己受伤的心情。有时，儿童会因为不被倾听而认定是自己太坏，然后试图伤害自己，他们想用身体的疼痛感麻痹内心强烈的悲伤、孤独和被拒绝的感受。

如果父母正与精神疾病做斗争，有时能照料他们的孩子，有时又自身难保，陷入充满挑衅、愤怒或抑郁的情绪中，无法胜任父母的角色，这类儿童也会遭受创伤。当儿童对父母的愤怒或敌意感到害怕，在面对有精神问题的父母不得不承担照料者的角色时，他们往往会陷入迷茫和深深的恐惧中。

如果儿童在婴幼儿时期曾在婴儿床上哭泣数小时，亟须拥抱和援手却无人过问，他们也会遭受创伤。这种无助和孤独会影响他们，令他们感到迷茫，并且无法再信任成年人，因为他们曾经那么无助，那么需要别人的帮助，而结果却令他们很失望。这类儿童长大后，可能会变得控制欲很强、易怒，或者喜欢囤积食物，不想依靠任何人。他们也许会在友情中挣扎，因为早在学会说话之前他们就知道不能相信任何人，尽管那时他们可能还无法用言语表达这种感受。

如果儿童夜里躺在床上，他们的耳边充斥着吵嚷、撞击、摔打和尖叫的声音，但却不知道发生了什么，他们的内心会因此充满恐惧，从而遭受创伤。

如果儿童被误认为顽皮、叛逆，但其实他们自己也处于迷茫中，不懂该如何控制自己的愤怒和委屈，他们也会因此遭受创伤。最终，他们只会因为无法控制自己的行为而越发感到羞愧。

如果儿童被骂，被赤裸裸地扣上"失败""愚蠢""没用"的帽子，他们也会遭受创伤。这些词语会给他们的心理留下伤疤，让他们认定自己是坏人。

有时他们干脆破罐子破摔，坐实自己坏人的角色；有时，他们会耗费一生的时间来证明自己并不坏……

当不可避免的坏事降临时，如无家可归或者家庭因冲突、灾难、缺衣少食或无人照料而分崩离析，儿童也会遭受创伤。

有时儿童会感觉自己被无视了，就好像根本没有人在乎他们。很遗憾，有时这就是事实。这会引发某种空虚和悲伤，并在他们的内心深处回响，让他们最终放弃挣扎，过着失望和缺乏爱的生活。

如果儿童经历过上述伤害和失望，就很难接受他人的爱，因为这对他们来说太牵强了。这些小生命需要持续的关怀和爱护，即便他们表现得似乎有些抵触或满不在乎。他们展现出的坚硬外壳只是为了自己的生存所必需的自我防御，但对他们而言，已经很难"放下盔甲"。如果你的孩子有上述表现，请你试着不要把他们的行为当作针对你个人，要继续鼓励他们，试着和他们交流。

当儿童感到词不达意时

创伤经历会对儿童产生影响，我们不能因为儿童有一定的适应能力就觉得"他们一定能克服"这些影响。很遗憾，创伤经历会改变儿童的大脑，从而导致他们的思想、行为、人际关系、学习能力、专注力及情绪反应等发生一系列改变。

儿童不太可能使用语言描述这些变化。当一个人经历创伤后，措辞对其来说可能会变得很费力，因为在高度紧张的状况下，大脑中负责语言和表达的那部分功能会"离线"。

事实上，这也是为什么当人们问我们最近怎么样时，我们总是回答"很好，谢谢"——连简单的思考都很难，更别说找到合适的词语来描述自己的真实境况了！

通常，儿童会下意识地对这些经历做出反应，这表现在他们的行为和情绪上，而不是他们的言语。

这就意味着我们需要格外留意有创伤经历的儿童，因为创伤经历常常会在他们身上留下阴影，他们往往会挣扎于要不要相信成年人，并对自己的情绪、行为和后果感到不知所措和困惑。

他们往往不明白一件事，那就是他们的一切行为、人际关系、思想和情绪变化都是由于那些不愉快的经历造成的。作为成年人，我们的责任是帮助他们理解这一点，减轻他们的尴尬、羞耻和不安。

好消息是在我们的悉心照料和鼓励下，儿童的大脑还会康复，他们会从以往的痛苦经历中恢复过来，他们可以痊愈。

你能为创伤儿童做些什么

儿童需要与成年人或其他儿童建立情感联结，只有这样他们才感到安全、被关心和被理解。他们需要成年人的定期陪伴，与他们说话的方式不能太激烈，而是要有趣且有意义。

创伤儿童会在很多事情上陷入纠缠，与没有遭受过创伤的儿童相比，他们在许多方面更需要成年人的帮助。

创伤儿童的行为常会呈现出一种很熟悉的模式，因为他们会在潜意识中复制早期在类似状况下那些糟糕透顶的可怕经历。例如，9 岁的玛蒂尔达一旦听到有人大声命令她做事，她就会很害怕，然后她就会立刻大喊大叫，用充满攻击性的言语和行为当作对抗自己无力感的本能反应。也许是因为她还不理解自己的强烈恐惧感来自何处，所以干脆就用自己最熟悉的方式来表达内心的不快。

这会让想要照料这类儿童的成年人觉得很棘手，因为这类儿童可能会很抵触，可能控制欲很强、蛮横霸道，也可能对成年人一脸冷漠。创伤儿童潜意识里流露出的强烈的、不成熟的情绪可能会令照料他们的人无法承受。可一旦这类儿童能在一个稳定可控、充满善意的环境中安顿下来，并且学会探索自己强烈的情感，他们就能康复，从而变得强大。

遗憾的是，在一些学校和各种不同的场合里与儿童打交道的成年人，总是奖励那些从不流露情感、能够将情绪"藏在心里"的儿童。

我儿子有一次在学校摔倒了，然后被奖励了一张贴纸，因为他没有哭。我和他聊了聊，他说老师奖励他贴纸是因为自己"把眼泪咽到了肚子里，很勇敢"。我跟他说，在学校里哭出来、表达自己的强烈感受也很重要，不然过不了多久，他的情绪也会"闹肚子"，甚至"便秘"！

就我们所知，压抑情绪、放弃表达情绪对我们的健康十分有害。我们需要证实和承认那些强烈的感受，然后在安全的关系中，在不伤害别人的情况下，找到表达强烈情绪和感受的方法。

在本书的后面几章中，我列出了一些活动，建议你和你所照料的儿童一起做，这些活动既能增进你们之间的关系，又能营造一个安全的空间，帮助你们探索这些强烈的感受。或许你可以和他们一起做手工、做饭，或者一起玩游戏。

在此期间，你们可以温和地谈论家里的气氛，以及你希望它是什么样子的。你也可以让你的孩子画一幅画，或者写下自己的想法，看看孩子理想中的家是什么样子的。

这听上去充满了挑战，但它将帮助你开启一个新的阶段，让你看到家庭中的一些积极改变。

[简的故事]

简在童年时期遭受过创伤，她出生在一个经济上捉襟见肘的家庭，母亲要照顾简和她的两个妹妹，还要想办法去工作。简的母亲靠着伴侣吉姆的薪水过活，总指望他能经常在家，这样自己就能去上班了。母亲与伴侣之间的感情疏远，还要勉力支撑这个不断壮大的家庭。吉姆不喜欢孩子们吵闹，对她们很凶。吉姆掌管着家里的钱，所以孩子们只能勉强吃饱穿暖，并要面对令人心力交瘁的父母。简从小就在父亲的怒气下胆战心惊地长大，还要一直设法替母亲排解情绪。她经常要照顾母亲，帮她做家务，倾听她的焦虑，试着鼓励她。这意味着简不但没有体会过无忧无虑的童年，反而在很小的年纪就背负起沉重的担子。她学会了不去相信成年人，只依靠自己。这也意味着她很难与他人成为朋友，并经常被人说不合群。她把所有情绪都内化了，变得消沉、孤僻。简的老师们开始担心她，因为她经常目光呆滞，好像很少专心听课。简用了一年半的时间每周去做心理治疗，最终才肯吐露自己曾经多么痛苦。心理治疗师陪她一起探究她的内心，带她走出过往那些令她深陷其中的至暗时刻。没过多久，她感觉好多了，恐惧感减轻了，变得更有自信了，也能大声说出自己的需求了。

*　*　*

第二章

创伤的影响

〣〣〣〣〣〣〣〣〣〣〣〣〣〣〣〣〣〣〣〣〣〣〣〣〣〣〣〣〣〣〣〣〣〣〣〣〣〣

　　大多数人都会认同：如果儿童能对创伤做出反应，将有助于他们理解在自己身上发生了什么。当然，这有一个最重要的前提——那些照料他们的成年人也明白这一点。

　　事实上，我们的身体对创伤的反应就和我们对威胁的反应一样，本质上都是触发内部的警报——要么激发出战斗能量，要么逃跑或出现情感冻结。这个机制有助于我们生存下来，但如果儿童在完全依赖成年人满足其情感需求的幼年时期一再受到惊吓或情绪冲击，虽然他们能够活下来，但其大脑并没有得到过抚慰和平静下来，那么他们的大脑就会时刻保持高度警惕，因为对他们来说这个世界似乎太可怕了。

　　我们要了解这种"威胁反应"，因为这能让儿童明白：他们对创伤做出的身体和情绪反应不代表他们很淘气或很奇怪，这只是一种正常的反应。作为成年人，我们的反应和他们的反应一样！

我们要记住，任何人在面临威胁的时候，都会很自然地做出"战斗、逃跑或冻结"的反应，这些反应通常连他们自己都察觉不到。

下面我们剖析一下"战斗、逃跑或僵住"反应，看看它是如何影响我们和那些创伤儿童的。战斗、逃跑或僵住反应有时也被称为"威胁反应"，反应区位于我们的脑干。这部分大脑区域负责调节我们的一些最基本的反应，如呼吸和心率。事实上，这也是在婴儿出生时唯一发育完全的大脑区域。

这一区域与大脑中另一个被称为"边缘系统"的区域相连。在感知到威胁的时候，边缘系统会让我们的情绪产生恐慌反应。这会促使我们的身体释放激素，让身体做好奔跑（逃跑）、隐藏（僵住）、大声尖叫或对抗（战斗）的准备。

与此同时，当威胁反应发生时，人的思维、推断、谈判乃至检视能力等功能都会"离线"。大脑中负责理性的区域都在前面，这一区域被称为"前额叶皮层"。

因此，当一个人面临威胁或其潜意识认为有威胁时，他的脑干会给出利于求生的威胁反应（战斗、逃跑或僵住），并促使情绪脑（即边缘系统）释放激素，以便为接下来的行动做准备。情绪脑的一个区域——杏仁核会将整个大脑置于紧急报警反应系统。我们可以跟孩子们说，这就好比脑干遇到了威胁，如着火了，而大脑的边缘系统有一个烟雾报警器（杏仁核），这个报警器被触发后会发出巨大的破坏性噪声，以确保人们对威胁做出合适的反应！

当威胁反应被激活时，除了前额叶皮层，大脑中的另一个区域也会处于"离线"状态，它被称为"布洛卡区"，这一区域影响着人们的语言和表达功能。这也是为什么当我们刚经历过非常糟糕的事情时，会发觉很难用言语说出自己的感受。

如果创伤经历反复发生，儿童就会生活在持续的威胁状态下。这会让他们很难进行思考、推理、协商或反思，因为有大量的激素涌入他们的身体，恐惧感支配着他们的内心世界，大脑的相关区域已经无法正常运转。在这种情况下，大脑一直处于对潜在威胁做出反应中，因此这种现象被称为"持续威胁反应"。

总之，威胁反应会影响儿童的行为、感受和人际关系，由于威胁反应会使他们没有安全感，所以他们总是感觉受到威胁、害怕、迷茫和情绪不稳定。

唯一能让创伤儿童康复的办法是做他们的"安全基地"，给他们支持和帮助，带给他们安稳和平静。

当有人在一段关系中受伤时，他们只能在另一段关系中被治愈。

如影随形的创伤影响

创伤会影响儿童的人际关系。当儿童认识的人故意伤害了他们，或者当可怕的事情发生时儿童认识的人就在附近，但却没有帮助或安抚他们，儿童都会满腹疑惑，并因此留下信任危机。

当儿童置身于令其畏惧的场合或人际关系中时，他们不确定该信任谁，也不知道如何与成年人或其他儿童相处，这会导致一系列的问题，如孤独、无助、被霸凌，更糟糕的是被利用。

创伤会影响儿童的情感，因为他们没有足够的内在"空间"容纳他们感受到的所有负面情绪。

他们不知道该怎么处理创伤，最后只能用一开始令自己失望的那些行为把情绪"发泄"出去。这些消极行为实际上是在传递一个信息：他们需要帮助。但这种行为往往会导致他们被贴上"叛逆""不乖"或"淘气"的标签，从而被当作坏孩子对待。

这会让他们的内心感觉糟糕透顶，觉得自己被抛弃了，没有任何价值。最后，因为这些行为他们失去了看见自身才华和天赋的能力，只能像别人看待他们那样看待自己。

这种低自尊的情绪会导致抑郁或焦虑。儿童可能一生都要努力证明自己很好，然后变成一个完美主义者；也可能从此依照"叛逆""不乖"等标签行事，变得越来越淘气。

他们可能会自残，或者冒险从事各种危险的活动，因为他们的内心感到麻木和悲伤。酒精和毒品之所以诱人是因为它们能让人兴奋，让人感觉到自己的存在，同时也能麻痹内心的痛苦。对这类人来说，这个世界充满了恐怖和恶意，而一个充斥着酒精和毒品的国度可能更容易接受——尽管我们都知道，这会带来更多的麻烦和问题。

儿童往往会通过表现得愤怒、强硬或满不在乎来隐藏内心的脆弱，但他们确实很在乎。这只是他们的一种自我保护方式，因为他们已经习惯了被抛弃、被虐待，已经很难再完全信任他人及袒露内心的恐惧和悲伤。有时他们好像在自己周围筑起了一堵墙，这样他们既感觉不到那么多痛苦，也不会有人靠近他们。要想走出这种"创伤循环"很难，因为这种模式一旦开启，就会引发强烈的不良情绪。除非有成年人帮助他们，否则他们的消极行为会陷入恶性循环，并影响他们的人际关系、学习、自尊心，乃至他们对整个世界的认知和对未来的决定。

儿童和青少年需要依靠成年人的理解和专业有效的支持，来帮助他们打破创伤循环，处理（如思考和倾诉）他们的强烈感受。

人们已经认识到，"在造成人类痛苦的根源中，创伤可能是最容易被回避、忽视、贬低、否认、误解和放任不管的那一个"。这就意味着目前许多从事创伤儿童和青少年治疗的专业人士，未必都接受了了解创伤症状及如何帮助减轻创伤症状的培训。

当越来越多的人开始研究创伤和谈论这个话题，我们的社区对于那些需要被理解、需要康复的群体来说就越安全。

如果儿童因为某种严重的疾病住院，通常他们会坦然寻求帮助，而成年人也会在言语上给予他们支持。但当儿童被虐待、被忽视或遭受重大打击时，有时他们周围的人却什么都不敢说，生怕自己"出错"，全家人也因此陷入孤独和无助。

有充分的证据表明，被搁置的创伤（即那些不被提起、直接封存或压抑的感受）可能会导致人们在成年后心理健康方面的困扰增多，还会引发大量的社会问题，如吸毒、校园问题、反社会行为等。

这类创伤还会导致其他问题，如创伤后应激障碍、行为障碍和解离障碍。未经处理的创伤甚至可能引发临床症状，如哮喘和心脏病。

但是，如果能在温暖而真诚的关系中处理创伤，即便不能把它全部转化成更强的适应力，其影响也会被降到最低，从而完全改变它对儿童此刻和未来产生影响的程度。

创伤的触发和关联

任何遭受过创伤的人都可能被自己潜意识里与创伤经历有关的任何事物所"触发"。这会导致突然的激烈行为或情绪爆发，即某种威胁反应，这些反应常常毫无道理可循。

我们的潜意识无法判断哪些威胁是真实的，哪些是自己感知到。这些看似不合理的反应只有在被思考和被谈论后才会停止。下面我通过一个故事来说明这一点。

一天，10 岁的罗伯特在路上走着，他一边遛狗，一边喝着香蕉奶昔。突然一辆汽车冲到人行道上，从罗伯特的脚上轧了过去。有人打电话叫了救护车，罗伯特的脚部骨折并被送进医院治疗。

几个月后，在学校的餐厅里，罗伯特正高高兴兴地端着午餐和朋友们聊天，突然有人不小心把香蕉奶昔洒到了他的身上。罗伯特立刻大叫起来，就好像又有汽车轧了他的脚。他把餐盘扔到地上，蜷缩成一团，发出令人毛骨悚然的尖叫声。

常见的触发因素都和感官相关联，如听觉、视觉、味觉和嗅觉，或者"你会拒绝我"之类的想法。在罗伯特和香蕉奶昔的故事中，奶昔的味道就是其情绪爆发的导火索，因为罗伯特在潜意识中已经把香蕉奶昔和事故联系在了一起，但他可能并不知道这些。在学校里，如果有学生触发了来自脑干区域的生存威胁反应，做出踢人、尖叫、逃跑或躲藏的行为，人们通常期望他们能立即向老师说明原因。然而，由于脑干的压倒性反应，这类学生往往无法表现出基本的认知能力。他们的思维、认知、理解和理性的大脑反应都"离线"了，与此同时，语言和表达的通道也被切断了。

如果成年人明白，儿童的前额叶皮层无法用理性、成熟的思维做出反应，是因为他们的大脑仍然在分泌化学物质来应对外界的威胁，他们就会有更多的耐心和同理心，从而帮助儿童觉得更安全并更快恢复。

当儿童感受到平静和安全时，他们就能把精力集中在学习上。遭受创伤的儿童大多会经历一段较长的危机和恐惧状态，并且可能置身于持续的威胁反应状态；他们的重心是重拾"不错"或正常的心态，而不是学习那些似乎与生存无关的知识。当儿童还在操心自己的下一顿饭在哪里、担心自己会不会因为忘了什么又遇到麻烦、惶恐会不会一回家谁又不见了时，你很难指望他们对代数题或某场历史性战役感兴趣。

　　创伤会影响一个人的行为、情感、人际关系和未来。

创伤的康复

对于创伤，有时我们很难判定究竟怎样才算痊愈，以下这段文字或许能提供一些参考。

> 我有过糟糕的经历，但这一切不会再左右我的想法、感受和行为。现在我可以正确地看待发生在自己身上的事情，继续我的生活，等时机到来，我会在这个社会中占据一席之地。

在经历创伤之后，儿童可以走出创伤，但他们往往需要支持，需要有人帮助他们根据自己的经历重新理解这个世界。

你可以给儿童讲一讲威胁反应，带领他们认识大脑的不同部位。你们可以一起搜索相关信息，观看相关视频，多阅读一些这方面的资料。

之后，当你的孩子做出威胁反应时，你们可以心平气和地谈论它，同时你要展现出同理心，而不是一味地感到沮丧或担忧。

同理心和情感联结会促进创伤儿童的康复。如果你照料下的孩子出现强烈的情绪波动，你要试着和他们进行情感上的沟通。在下一章中我会教你怎么做。

[奥斯卡的故事]

　　7 岁的奥斯卡是一个勤奋的学生，他喜欢上学和交朋友，并且一直表现得很好。不幸的是，他被一个成年人严重伤害过，这影响了他的校园生活。他只要感到害怕就会跑出教室。他开始接受心理治疗，在这种情况下，他开始探究自己逃跑和感到害怕的原因，并最终找到了能够替代逃跑的方法。渐渐地他在治疗师那里找到了安全感，也认识到自己逃跑的原因是感觉羞耻、尴尬，或者觉察到其他孩子或成年人的目光。他还讨厌突如其来的巨大噪声，每次他都会尖叫着逃走。他终于说出了致使他恐惧的原因，老师也尽可能地避免一切会导致他感到恐惧的诱因，他不再逃跑。经过大约一年的治疗，他完全摆脱了逃跑的冲动，还能重新审视那段给他留下恐惧、羞耻和紧张阴影的被虐待的经历。

* 　 * 　 *

第三章

创伤儿童的行为模式

假如我们能试着这样理解：创伤儿童的本质是他们的内心被"困在"了一段其需求得不到满足的时期，这样一来他们的行为也就不那么奇怪或令人担忧了。

遗憾的是，在这些需求以某种方式得到解决之前，他们仍然希望自己的一切需求在"当下"就能被满足。

他们看起来可能很不成熟，与他们的外表或年龄不相符，通常他们的行为像年纪更小的自己发脾气时的样子。

因此，当儿童展现出令人沮丧的行为时，我们要意识到：他们并不是故意想要激怒或挑衅我们。我们要努力调节自己的情绪，避免过激的回应，这样就能帮助到他们！

我们要明白，他们的上述行为当然会使我们震惊并引发我们的挫败感，但我们的这些反应实际上是在火上浇油！

你知道很多年龄较大的儿童都会像 2 岁的小孩一样发脾气吗？

你有没有注意到，当你说让他们"成熟一点""别跟个小孩一样"的时候，他们的行为反而更恶劣了？

　　我们要找准重点：先确保自己冷静下来，再给予他们恰当的回应，把他们的行为当成那个年龄阶段的孩子来对待。

　　例如，我们比较习惯看到年龄较小一点的儿童因为一些看似愚蠢的事情而沮丧地躺在地板上，比如橘子皮没有整片剥下来。然而，对那些遭受过创伤的 10 岁孩子来说，这种沮丧感的程度是一样的。他们需要我们用同样成熟、冷静、审慎的方式对待他们，我们应该怀抱着善意和同理心，用舒缓的语调、坚定有爱的回应帮助他们冷静下来。

　　我们要避免激发他们的羞耻感，也不要说让他们懂事一点或赶紧振作起来之类的话，那样只会导致他们的行为升级。只有当他们觉得自己被理解了，得到了充满爱的回应，你才能建议并帮助他们换一种方式表达这些感受。

　　让我们看看创伤儿童还有哪些令人挫败的表现。

寻求关注

　　有句话说得很好：如果儿童需要关注，那么我们就给他们关注，直到他们不再需要为止！当他们建立起了安全感，对你的需求、依赖和索取陪伴的时间就会越来越少。

愤怒

愤怒通常是一个人内心感到恐惧的表现。愤怒和情绪爆发通常是一种习得行为，它们让儿童在极度恐惧的状况下得以生存。对创伤儿童来说，调节情绪真的很困难，唯一能帮助他们的方法就是成年人与他们共同调节——用舒缓的语调、坚定有爱的话语帮他们重新建立起安全感，然后和他们一起做安抚情绪的活动。他们会因为一些小事而大发雷霆，那就把他们当作两岁的小孩来看待，你的耐心、同理心和善意就是打开他们心房的钥匙。

"躲"进自己的大脑

这种"关闭心理"的反应告诉我们，儿童可能已经放弃了通过发脾气来达成愿望的尝试，并且陷入了深深的无力感，所以他们别无选择，只能"躲"进自己的大脑里。

有些儿童只是稍稍放空，而有些则会关闭自己的情绪和身体感受的开关（有时会导致大小便失禁）；还有一些儿童会对时间失去概念，对以往发生的一切都记不起来了。归根结底，他们需要的是安全、善意、精心的抚育和耐心的关注，直到他们能够和心理健康专家一起探究其大脑关闭的缘由。如果我们只是命令他们不许关闭、不许放空，那只会徒增他们的羞耻感，所以我们要有耐心。

过度活跃

有时，既有专业的照料者，又有治疗的机会，却仍然无法给予这些创伤儿童充分的安抚，无法让他们适应学校和其他正式环境。人们往往会觉得这些儿童太淘气了，但也许他们只是被忽视了，或者他们精力充沛、忙个不停，并且长大之后也一样！还有一种可能是他们从小就要非常努力，这样才能"吸引"父母的注意力。对许多人来说，放松是一个很可怕的选项，因为这会让他们的情绪和感受更加强烈，更容易过度警觉（对每个细微的声音、动作、面部表情、气味或感受都保持高度警惕），感知到此时此刻的痛苦。因此，有必要找到一些安全的活动帮助他们平静下来，同时还要制定睡眠策略，帮助他们在晚上建立起安全感。

强烈的控制欲

照料者通常会认为，如果儿童表现出强烈的控制欲，他们就需要更坚决地掌控环境，以阻止这类现象发展。一般情况下，有强烈的控制欲的儿童要么生活在对无力感的强烈恐惧中，担心可怕的事情再次发生，要么他们习惯了照顾自己，承担了不应属于自己的责任。这也意味着谈判和协商才是明智的做法。

给儿童选择权，让他们也参与到做决定中来，这是帮助他们减轻恐惧感的必要步骤。直接的斥责或羞辱只会导致问题升级。当照料者的善意和同理心让儿童感觉很舒适，并开始放松下来检视自己的内心时，他们的控制欲就会变得不那么强烈了。

撒谎

创伤儿童会撒谎，会伤害别人又矢口否认，他们不愿意承认自己的行为，哪怕被你亲眼看到。

他们会编造故事，编造关于自己的故事，也编造关于你的故事，这会给你带来深深的伤害和挫败感。他们似乎在故意惹恼我们，可我们已经了解他们所有的行为都是某种交流，我们应该明白：不要把它们当作针对我们个人的行为，而要试着与他们沟通，弄清楚到底发生了什么。

他们会撒谎，这常常是因为他们的现实世界很难让人理解或想象。如果你的家庭正在为生计烦扰，你会更想假装自己是一个百万富翁。与其告诉别人他们害怕父母或承认自己有精神疾病，并且得不到一点同情和支持，还不如说自己遇到了交通事故或父母有一方生病了，人们似乎对此更能感同身受。所以，他们才会说谎。

人在遭受创伤的时候，其记忆也会受到影响。如果孩子否认自己做过某事，他们有时可能是在撒谎，但有时是真的记不起来了。任何人一旦进入休克状态，其记忆存储功能就无法正常运转，并且还常常伴随着表达困难。

第四章

帮助创伤儿童康复的方法

帮助儿童平静下来

如果创伤儿童感受不到安全与平静，他们就很可能会感到紧张、恐惧。

当他们出现这种感觉时，自己可能意识不到，但成年人可以通过这些儿童的行为察觉到他们也许处于焦虑中。

在儿童找到平静和安全感之前，他们无法很好地思考和进行推断。如果这时成年人总是让他们说话、做事都成熟一点、理性一点，他们会感到更加沮丧。

等他们平静下来，他们就会开始检视和思考，然后才能修复和疗愈创伤。

成年人可以通过与儿童进行情感上的沟通（如抱有同理心、亲切、专注、认真倾听）以打下良好的基础，继而引导他们探索内心强烈的感受，帮助他们走出创伤。这样能减轻他们对于自己汹涌情绪的恐慌，让他们慢慢学会检视和倾吐内心的感受和担忧。

为了让儿童在和他人相处时拥有安全感和自信心，同时又能积极正向地控制自己的情绪和行为，我们要赋予大家力量，要让儿童周围的成年人都成为某种意义上的"治疗师"，一起营造理想的"治疗环境"。

扮演好支持者的角色

每个成年人都能对创伤儿童产生积极的影响，帮助他们恢复——无论是作为他们的朋友、老师、叔叔、阿姨还是照料者。拿出你的同理心、善良、耐心和协调能力，倾听并珍视每个儿童，你就能永远改变他们的人生，不让创伤经历影响他们未来的生活。

在你的童年时期，也曾有人用善意和关怀对你产生过积极的影响吗？

布鲁斯·佩里（Bruce Perry）是一位国际知名的临床医生，致力于帮助人们了解如何支持那些亟须走出创伤经历的儿童。他认为，创伤儿童的康复与治疗过程和治疗环境（包括学校和家庭）都有关系。他解释说，大脑是自下而上发展的，所以儿童的创伤也需要从大脑底部（脑干）开始恢复，然后他们才能对创伤事件进行检视和思考（大脑顶部——前额叶皮层）。他鼓励我们这些照料者要注重关系培养和个体差异（符合儿童的情绪年龄），要不厌其烦，要给予儿童奖励和尊重。这意味着当我们与创伤儿童相处时，一定要扮演好支持者的角色，不仅要完成"角色的规定动作"，还要真正地尊重这些儿童，愿意给他们持久的陪伴，只有这样才能帮助他们从创伤中痊愈。对儿童而言，这种持久性至关重要，除此之外，日复一日的在亲密关系中获得的良性体验，如玩耍、遛狗、做饭，或者其他一些成年人和儿童之间常见的愉快经历也很重要。创伤儿童在受到惊吓时，往往会遭遇"情绪停滞"，并且不管最初的创伤已经过去了多久，他们"停滞"的年龄通常就是遭受惊吓时的年龄。例如，一个儿童现在 13 岁了，他曾在 5 岁时遭受过虐待，那么他在恐惧或愤怒的时候仍然会表现得像个 5 岁的孩子，而这就是他的情绪年龄。因此，你们共同创造的良性体验需要符合儿童的情绪年龄，而不是他们的生理年龄。

　　如果有一个充满爱心的成年人给予创伤儿童持久的陪伴，表现出自己对儿童的关心，又能花时间以一种稳定、清晰、尊重和友善的方式与儿童交流，他就能改变儿童的人生。正是这样的关系重塑了创伤儿童的大脑。

　　薇亚乐·欧克兰德（Violet Oaklander）是一位儿童治疗师，也是儿童治疗领域的先驱之一。她提到过上述关系在创伤儿童恢复过程中的核心作用。在谈到创伤疗愈时，她说："任何进展都离不开关系的联结。这种关系很脆弱，需要精心呵护。它是治疗过程的基础，并且其本身也具有强大的疗愈力量。"

帮助儿童自我调节的方法

有时儿童会不高兴、发脾气，或者看上去好像有些"失控"。

哪怕是一件芝麻大的小事也会让他们的情绪崩溃，周围的气氛会变得非常紧张，然后迅速升级为大"场面"。

这通常是因为儿童想按自己的想法做。对学龄前的儿童来说，这种符合发育阶段的行为再正常不过了，但如果儿童曾有过创伤经历，他们可能会重新经历恐惧、无力等强烈的负面情绪，但又不确定该如何表达这些强烈的情绪和感受，于是就会出现退行行为。

造成儿童情绪升级的原因有很多，作为照料者，我们有必要学习如何帮助儿童平静下来，如何有效阻止儿童的情绪爆发为巨大的、痛苦的局面。

当儿童情绪爆发、大脑一片空白或不再运转，或者正在经历强烈的负面情绪时，以下列举的方法可以让他们舒缓和平静下来。在实际操作中，我们还需要参照儿童当时的情绪年龄。对那些经常和创伤儿童打交道的人来说，这也是应对压力和困难的一些最基本的安抚活动。

我把这些建议推荐给向我咨询的家庭，教他们通过调动五大感官来帮助那些感到紧张、不安或情绪失调的儿童。

我亲眼看到这些建议给那些正在修复创伤的家庭带来了真正的安全感。当儿童发觉站在自己面前的是一个温暖、有同理心、善良、通达、有教养的成年人，这个人既不会冲他们大喊大叫，也不会让他们对自己的行为过分歉疚时，这些活动和策略就会发挥作用，帮助这些儿童走出创伤。

- 呼吸练习。这一条至关重要，能帮助所有的儿童从压力、危机或创伤中冷静下来。我们都应该花一些时间练习平静的呼吸，友好地跟自己对话。用鼻子深吸一口气，用嘴呼气，持续的时间久一点。

- 盒式呼吸。想象有一个正方形，在这个正方形中用你的鼻子慢慢地吸气，从 1 数到 4；屏住呼吸，从 1 数到 4；接着用嘴呼气，从 1 数到 4；最后再屏住呼吸，从 1 数到 4。（记住，呼气的时间一定要比吸气的时间长。）

- 可以挤压、拥抱或依偎的触感玩具。当儿童感到特别愤怒、伤心或不安时，这个玩具可以让他们平静下来。这个玩具可以是某种"情绪过渡"，因为儿童很喜欢送他们这个玩具的那个人，或者感觉与其在一起很有安全感；也可以是他们选择的自己喜欢的东西。渐渐地，儿童会自然而然地通过这种方式寻找安慰并让自己平静下来。有些儿童会整天在兜里揣着一个小东西来让自己安心。

- 高强度坐姿练习。坐下来，舒展双臂，伸向前方，两手握在一起。双手放至胸腔下方，一边做呼吸练习，一边轻轻下压。这种感觉就像一个大大的拥抱，会让儿童感到平静和安慰，并且有助于大脑的恢复。

- 蝴蝶拥抱法。双臂交叉，拍拍自己的后背。这和高强度坐姿练习类似，也能起到同样的效果。

- 一杯热饮。当一个细心又关爱儿童的成年人为他们端来一杯热饮时，大多数儿童会感觉好一些。这在任何时候都有效，还能使两个人之间建立起某种关系，营造出平静和充满希望的氛围。

- 闻到喜欢的气味（在舒适、安全的角落）。对感到特别恐惧、愤怒、不安或者受到惊吓的儿童来说，闻他们喜欢的气味非常有效，这能迅速为其带来平静和安慰。这种气味会伴随着安全感，它可以是护手霜、肥皂、香水或须后水的味道。

- 用儿童自己画的图画做观想练习（就在附近，伸手可取）。提前让儿童画出自己的快乐时光或安全岛，或者准备好类似的照片。

- 意面练习。绷紧身体，想象自己是一根干意面，然后放松，变成一根煮熟的、柔软的意面。这样做可以缓解身体因焦虑或其他强烈情绪导致的僵硬和痛苦，帮助全身平静和放松。儿童可以在晚上睡觉前尝试一下意面练习，用来放松身体。

- 开合跳。这个动作能让准备"战斗"的身体释放出充满侵略性的能量，帮助你振作精神，避免发泄具有破坏性的情绪。我们要教会儿童捕捉和识别紧张气氛的信号，然后远远地跑开或做开合跳，而不是卷入打斗或暴力中。

- 交谈的简单艺术。遭受创伤的人很难用言语表达自己的想法和感受，或者有时候他们会像洪水一样讲起来滔滔不绝，但说的却不是自己真正所想的，这也会对其造成伤害。如果成年人能倾听他们，不介意他们的用词，理解他们是在表达自己的伤痛，那么这些儿童就能冷静下来。

- 倾听贝壳或其他能发出类似声音的乐器。与安全、美好时光相关的声音会让儿童平静下来，这与气味或适当的抚触的效果是一样的。

- 户外秋千或室内吊床。对在幼年时期经历过创伤的儿童来说，摇摆的动作尤为有效。这种动作能给人以安慰，特别是当成年人能用舒缓的语调对他们说一些肯定的话，如"没事的，都会没事的"。

- 有毯子的舒适或安全的角落。这对焦虑的儿童特别有效，因为他们比大多数儿童都更容易疲倦，需要休息和恢复。这可以帮助他们感到被理解，如果他们情绪激动，这也可以帮助他们冷静下来。

- 毛绒玩具。无论儿童处于哪个年龄阶段，都要为其准备好毛绒玩具。毛绒玩具会给人带来安慰和平静，就像一个温暖的怀抱，所以即便是年龄较大的儿童抱着毛绒玩具，也不该被取笑。

- 可以随时一起读的最喜欢的书。对受到惊吓、情绪失控的儿童来说，熟悉的书也能给他们带来安慰。

- 玩偶可以帮助儿童表达，代替他们说出自己行为失调的原因。有时儿童无法说出自己的感受，但也许一个简易的动物玩偶就能让他们开口。也许动物可以让儿童感知到它们也有过类似的经历，且能够谈及它们的感受，而这又能有助于他们说出自己的感受，从而能帮助儿童探索自己的内心。

- 可以玩的黏土或橡皮泥（视年龄而定）。这也是帮助儿童平静下来、缓解强烈情绪的另一种感官体验。让儿童按照自己的心意找出他们喜欢和不喜欢的玩具，不要让儿童玩他们觉得不舒服的东西。

- 如果儿童被悲伤情绪笼罩，可以教他们用日记或剪贴簿来拼贴快乐的记忆。一本快乐的书可以帮助他们想起自己经历过或即将到来的快乐时光。这能给他们的生活带来稳定、平静和希望。有些儿童喜欢在日记本中写下或画出自己内心的感受，然后把日记本合上。这时，请务必尊重他们的隐私，假如你未经允许就擅自打开他们的日记本，他们会感觉受到了侵犯，并且 9 岁以后的儿童对此尤为敏感。

- 舒缓的音乐。给儿童放能安抚他们情绪的舒缓音乐（事先选好）。

- 演奏乐器（可以调节呼吸）。如果儿童擅长演奏某种乐器，也可以用演奏乐器来进行自我调节，以让自己平静下来。这会让他们对控制情绪更有信心。

- 对用语言表达自己内心的想法和情绪有困难的儿童来说，画画很有用。浓重的笔触可以消解他们内心的愤怒和沮丧，但也会变得一团糟。和缓的涂涂画画则能让人平静下来。

- 一个温暖的泡泡浴可以给儿童带来安慰，让他们感受到你的照料和抚育。

- 宠物的陪伴会减轻儿童的孤独感，让他们感受到爱和支持，这能让他们冷静下来，帮助他们思考，让他们时常有机会说出自己的感受。

- 散步。如果儿童或青少年得不到想要的关心或者他们因为成年人应付不来而担心自己被送走，并因此感到沮丧或焦虑的话，新鲜的空气则会让他们重新充满希望。

- （生气时）踢球。踢球也是一种威胁反应，所以对儿童来说，踢球有很多好处，但前提是不能以破坏性的方式踢球。

- 跳蹦床。任何形式的体育锻炼都有助于平复心情、释放内啡肽和帮助儿童更好地面对生活。

- 互相吹泡泡，让对方抓。这是一项很棒的活动，儿童可以和成年
  人一起玩，这既能使两个人建立良好的关系，又可以调节呼吸和
  帮助儿童平静下来。

- 一起打鼓（或平底锅、桌子等）。这是释放愤怒和沮丧情绪的好办
  法，非常有趣并能引人发笑，因此也有利于儿童恢复。

- 随着喧闹的音乐跳舞。这也是一种有趣的锻炼方式，可以缓解创
  伤儿童的紧张感和生理压力。

- 和儿童一起绕着房间走。这种方式的效果与随着喧闹的音乐跳舞一样，只不过更适用于幼儿。

- 分散注意力（如"看那边，我在想能不能……"）。如果儿童的情绪大爆发，这一招一开始很有用，但随后一定要和他们沟通，安抚他们，确认他们的感受，直到他们愿意开口。

上述活动对遭受过创伤且需要成年人介入的儿童来说很有效，能让他们学会如何冷静下来、放松、思考和恢复。如果你照料下的儿童也需要修复创伤，那么你们可以一起试一试上述活动。你们可以尝试一下其中的几项，看看哪些适合你所照料的儿童。记住，永远不要强迫儿童或让他们带着怒气参加上述活动，因为这样他们就会把这些积极的策略与恐惧和无力感联系在一起，而不是从中感受到被滋养和关爱。

同理心

同理心有助于创伤儿童的恢复。同理心不是同情心，而是"站在儿童的立场上"努力和他们建立情感联结，试图理解他们的感受。有研究表明，这会从根本上扭转儿童的被排斥感和过低的自我价值感。

善意

　　这听上去很简单，但当我们以善意，而不是沮丧、焦躁、愤怒、疲惫或排斥的态度回应儿童时，他们就会建立起足够的安全感，并且愿意表达、探索自己的反应。始终如一的善意会治愈一个遭受创伤的儿童，而严苛的对待或大声的叫嚷则会吓到他们。

耐心

　　对父母或照料者来说，有时这一点是最难做到的。这往往需要你做几个深呼吸，思考清楚缺乏耐心的长期后果（如孩子发脾气的次数更多、尖叫声更大），同时还需要勇敢和坚强。

不要对号入座

　　当儿童大喊"我恨你"或"我不吃，因为太恶心了"这类话时，我们很容易会把这些话和自己画上等号。我们需要鼓起勇气告诉自己：这些话不代表事实，只是儿童强烈的情感表达，因为他们觉得对你说这些话足够安全。

　　这些道理我们都明白，但很难在内心时刻提醒自己，不是吗？可一旦做到了这一点，我们就成为能够保持冷静、善意和同理心的成年人，并且可以平静地回复他们："你现在好像有些激动，我知道你并不恨我，我想让你知道，我真的很关心你。"

善待自己

　　无论如何，当事情千头万绪时分出一些精力照顾好自己也很重要，即便只是去趟健身房或腾出时间和朋友见一面。

你可以抽点时间深呼吸，检视、思考自己的反应和需求，这能帮助你缓解内心的沮丧和不快，还会让你有足够的情绪能量应对孩子那些令人棘手的行为。运动能帮助你的身体减压，让你元气满满，保持孩子眼中那个值得依赖的成年人的形象。

和孩子度过一段特别的时光

找一个你和孩子都喜欢的活动，制订计划并定期参加。它可以是某项运动，如钓鱼、骑自行车或帮小动物筑巢穴；也可以是某种小小的享受，如一杯奶昔或热巧克力、涂指甲油、按摩或分享一块精致的布丁。不管是什么，重要的是这项活动要有趣，并且是你们都期待的事情。

必要时寻求帮助

在你有需要的时候寻求帮助。这其实是有力量的一种表现，根本不算弱点。周围还有许多和你一样陪伴创伤儿童的家长和工作人员，他们也觉得困难重重。你可以试着和他们交朋友，这样你们就可以交流彼此的想法，在艰难的时刻彼此支持。

其他人的想法和建议

我在创伤康复中心的同事们也给出了一些很棒的建议，这些建议如下。

- 专注关系，"忽略"行为——它就像一堵墙，阻止你靠得太近……自我保护意味着孩子们需要和你保持距离。

- 在和学龄期男孩相处时，当他们从学校里气冲冲地走出来并朝你大发一通脾气的时候，其实这与你无关，这通常表示那天出了点状况，而他们的疯狂举动只是因为他们和你在一起时有足够的安全感，所以才会有这些真实的行为。

- 要记住，同理心和情感认同很重要，也别忘了保持边界感……"我看得出来你很生气，我也知道这种情绪很难控制，但你不能在生气的时候伤害别人。"还有，争吵之后的关系修复及修复方式也很重要。

- 建议你和老师谈谈，多和他们沟通，告诉他们有关你的孩子的情况、家里的现状，以及孩子的过去。老师可能看不到你的努力，即便看到了（除非他们接受过专业的训练），他们也可能不理解。

其实，要想帮助孩子建立起安全感，学校能做的事有很多，你的任务就是帮助老师更好地了解你的孩子。

- 把时间投入到年轻的生命上是值得的，因为他们还很小，比起等他们长大了再干预，这个年龄阶段的孩子恢复和改变的速度要快得多！

- 要鼓励父母允许孩子哭，而不是告诉他们"不要难过"。那种后天习得的习惯往往要数年才能摆脱。

- 要记住，"愤怒"的行为、言语通常（但不总是）传递了孩子此刻的恐惧、焦虑、不安、尴尬或羞耻，只不过感到愤怒让他们觉得更安全，更容易表达。你还要明白，不论孩子们向你抛来什么样的难题，他们其实最渴望的是能够信任你，他们需要你的安全可靠和忠实守护。

- 记住，羞耻感是症结所在，作为成年人，我们要尽量帮助儿童减轻他们的羞耻感。

- 了解一些平复情绪的技巧来应对儿童的恐慌发作和极度焦虑，这一点很重要。

- 保持幽默感！

照料者自身情绪的调节

面对一个已经开始崩溃的儿童并不是一件容易的事，当他对你大喊大叫、口出恶言的时候，你会感到恐惧和充满威胁，很难完全不把他的话放在心上。

但你一定要提醒自己，我们要让创伤儿童知道，还有有耐心、可靠、充满关爱的成年人帮助他们，只有这样才能抵消他们在过往经历中积累的负面感受。

陪伴创伤儿童度过疗愈期的父母或照料者会成为他们的"安全基地"，或者正如一位名叫约翰·鲍尔比（John Bowlby）的研究人员多年前所说的，成为他们"启程探索世界的安全堡垒"。我们可以在情感上为他们提供支持、保持敏锐、给予回应和帮助。我们做得越多，他们就恢复得越快。

这就意味着我们要管理好自己的情绪和压力，这样在面对他们时我们才不会"情绪化"，拥有可以调动的情感资源。我们要确保自己不会把任何压力和负面情绪转嫁给儿童。

作为照料者，我们也需要支持，我们要尽可能地成为最棒的照料者，所以我们自己也需要别人的鼓励和陪伴，这并不是一件令人感到羞耻的事。

通常情况下，在经历过儿童的一轮情绪崩溃后，我们应该喝杯茶——至少要做几次深呼吸。成年人也需要时间来恢复和修整。也许你可以休息一晚，或者在孩子们上床之后点几根蜡烛并洗一个泡泡浴。

要记住，当情况不理想的时候，你要努力振作，不要把儿童的反应当作针对你个人的行为。你要保持冷静，一如既往地支持儿童，倾听他们的心声，必要时要向他们道歉，回忆他们的举动，接收并确认他们的感受，打开你的"开关"，注意他们发出的信号和身体语言，不要给他们贴标签，与他们真诚地交流他们的感受，珍惜所有顺利的时刻。

我们需要更多的成年人了解这个过程，在我们投身于创伤儿童的恢复工作时，我们需要大家的拥护和支持。

第五章

有利于创伤儿童康复的要点

心理韧性

在探究创伤对儿童的影响时，"心理韧性"是一个非常重要的概念。

你是否留意过，当儿童或成年人经历了同样可怕的事件后，有些人好像可以迅速"反弹"，而另一些人似乎在这段经历中受到了重创。

儿童的心理韧性建设涉及几个因素，其中最重要的是他们对主要照料者或身边的成年人的依恋。

当他们相信自己的需求会得到满足，相信自己被爱、被倾听、被呵护时，他们就会拥有更强大的从困境或不幸中"反弹"的能力。

帮助儿童建设心理韧性的方法可以总结为以下几点。

- 人际关系：这是培养心理韧性的关键所在。

- 同理心：儿童要有同理心才能产生共情。

- 优势和劣势：了解儿童擅长什么、抵触什么。

- 共同生活：和成年人一同经历生活的起起落落。

- 内在自信：喜欢自己，认可自己。

- 责任心：能够做出正确的选择。

- 赋予他们改变的力量：让这个社会变得更好。

早期依恋关系

现在人们在讨论儿童与他们的主要照料者——通常是母亲或父亲（也有例外）——之间的关系时，常会用到"依恋"这个词。

这个词描述了他们之间的联系，而儿童就是通过这种联系来感知世界的。有研究清楚地显示，如果主要照料者能够确保儿童在婴幼儿时期（尤其是 0 ~ 5 岁）的需求得到满足，而身边的成年人又对他们爱护有加，愿意投入情感和陪伴，那么他们在以后的生活中面对某些情感问题时就不那么容易受到打击。

我们还要关注创伤儿童的兄弟姐妹，也许他们当下的情绪和行为并无异常之处，但理解了这一点也可以帮助他们在日常生活中锻炼自己的心理韧性。

道歉

在任何一段关系中，说抱歉都是让事情顺利进行的关键。它是人际关系的"润滑油"。

在照料创伤儿童时，学会说抱歉非常重要。我们无法总是像他们期待的那样耐心、和蔼、细心呵护、循循善诱，但假如我们的回应方式欠妥，或者表现得有些焦躁、懒散，我们可以向他们说一声抱歉。

在我们向孩子说对不起、解释自己言行中的错误、表达内心歉意的时候，其实就是在帮助他们修复创伤。

这样做不但能修复你们之间的关系，还能为孩子树立一个健康的示范，教他们如何修复破裂的关系，供他们在以后的生活中借鉴和使用。

了解不同的治疗方法

　　创伤的康复过程通常需要治疗的干预，有很多方法可以有效地促进创伤康复。

　　我们要明白，任何针对创伤儿童的干预措施都要先从非言语层面开始，先探究他们的潜意识中"留存"的创伤，这一点很重要。我在这本书的前面提到，大脑中负责语言和表达功能的区域叫作"布洛卡区"，儿童在经历创伤时这一区域就会"离线"；同时"离线"的还有大脑中的理性区域，即前额叶皮层，所以它们对处理创伤并没有多大帮助。创造性疗法不依赖语言处理过程，反而效果显著。同时我们还要认识到，不论是创伤儿童的父母还是照料者，通常都需要一定的支持和帮助，这样他们才能理解创伤的影响。

- 个体治疗是创伤康复的支柱，这类疗法提供量身定制的治疗方案，以促进创伤康复和提升心理韧性。

- 创造性治疗对于启动非语言记忆或创伤经历至关重要，创伤经历会导致大脑中负责语言和表达的布洛卡区停止运转。严重的创伤和当脑干面临威胁时会产生"战斗、逃跑或僵住"的本能反应，这会导致个体突然间"失语"，而创造性疗法（如心理治疗、艺术治疗、音乐治疗、游戏治疗等）则会为这类经历提供另一种表达方式，并从中获取信息。

- 言语治疗对处理创伤有很大的帮助，一旦儿童平静下来，建立起稳定的情绪和安全感，他们的认知反应就会启动，发展为他们转化叙事的一部分。青少年往往需要时间来诉说他们的感受和经历。

- 团体治疗有助于将有相似经历的儿童集合在一起，为他们提供相互支持、相互学习的机会。这也会减轻创伤引发的孤独感。

- 家庭治疗对于回到原生家庭的儿童很有帮助，能帮助他们营造一个安全、治愈的家庭氛围，以促进创伤康复；此外，还可以在创伤康复之后帮助家庭成员之间建立起积极的依恋关系。

- 社区治疗也是一种干预形式，通过提供某种"持续"的环境，让儿童在过往的伤害中成长并康复，从而达到促进创伤康复的目的。

- 人们已经认识到，短期干预一般适用于经历过一次性创伤事件的儿童，但对经历过长期或人际创伤的儿童来说，长期的治疗干预是必要的，而短期干预则可能适得其反。在短期治疗环境中，儿童可能已经逐渐开始放松，重新对成年人建立起信任感，但随着治疗的结束，他们看不到治疗中的这些人了，反而会加剧他们的创伤和失落感。

- 治疗与治疗工作之间存在显著的差异，因为在治疗中，创伤儿童会和治疗师一起努力解读自己的无意识反应，一起分析、探究他们当下的处境，从而更好地了解自己。随着时间的推移，这种对经验和感觉的处理和整合会使创伤症状逐渐减少。我们的大目标是为创伤儿童提供一个安全、便利的环境，让他们在个人层面获得改变和成长。因此，治疗师和创伤儿童之间的关系至关重要。

- 心理辅导旨在改善创伤儿童表现出来的症状，但无法处理其潜意识层面的问题。它们的目标是培养实际技能，帮助创伤儿童建立自尊和自信。心理辅导还包括帮助创伤儿童摆脱社交孤立，培养他们的社交技能。

- 治疗和辅导活动是两个完全不同的概念，但两者都有助于创伤儿童的全面康复。治疗性干预是创伤儿童康复的必要基础，而其他疗法对于探索令人困惑的无意识反应也尤为重要。

儿童完全有可能从创伤中康复。成年人如果能识别出儿童的创伤症状背后的行为和情感反应，一定会助益良多，因为这会立刻减轻他们的羞耻感，也会赋予他们力量，让他们更好地了解自己，缓解自身的焦虑。

当我们致力于支持创伤儿童的康复时，我们也给无数的家庭和社区带来了改变，因为这些儿童会成长为高情商的、自信的和有自我意识的年轻人，他们已经"武装"完备，一定会在成年后过上充实的生活。

你们已经做得很棒了，以上这些你们一定也可以做到！

第二部分

复杂创伤及康复

第六章

复杂创伤对儿童的七大影响

复杂创伤通常是指一个人遭受多种创伤事件或反复经历同一创伤。2003 年，一群经验丰富的专业人士撰写了美国国家儿童创伤应激网络复杂创伤白皮书。书中探讨了复杂创伤导致儿童受到严重损害的七个发展领域，受损领域列表清晰地表明了恶性压力和复杂创伤对儿童的身体、社交、情感和认知发展的破坏性影响。尽管其中很多表现可能是所有创伤都会有的症状，但这些症状对复杂创伤幸存者的生活产生的影响更大、危害也更大。下文列出了亚历山德拉·库克（Alexandra Cook）等人总结的七个受损领域，并简要说明了它们在儿童生活中的现实含义。

依恋

当儿童受到的创伤来自另一个人时，这将始终影响他们信任他人、向他人示弱进而建立情感联结的能力。创伤会影响儿童掌控边界的能力，因为他们的个人边界曾经被忽视或被破坏。当他们在其他关系中尝试建立信任和边界时，通常会感到无能为力、困惑和不安全。

费舍尔阐述了许多儿童感到的内部冲突。

一方面，出于依恋本能，他们会从依恋对象那里寻求亲近、安慰和保护。另一方面，出于同样强烈的动物本能，在过于靠近可怕的父母之前，他们会僵住、战斗、逃离、屈从或解离。

身体

身体会保存创伤的记忆。慢性的躯体疼痛有时与创伤直接相关，如虐待导致的生殖器部位疼痛或儿童胸部被压伤后的胸部疼痛。尽管儿童可能不记得创伤经历的细节或创伤事件，但是他们的身体不会忘记，疼痛依然存在，并且经常间断出现和消失，好像创伤事件仍在发生。通常，身体会记住创伤事件引发的感觉，如呼吸困难、肚子疼和残留的不适感（头痛、头晕、怕黑）。儿童可能会顺畅地谈论这些身体疼痛，因为他们通常不了解这些疼痛与创伤有关。但可悲的是，成年人常常会认为儿童在夸大其词或撒谎，因为儿童说不清楚疼痛的起始时间和详细情况。当儿童尝试回避任何能使潜意识回想起创伤经历的事物时，他们可能表现出对气味、视觉刺激和声音过敏。随着生理和情绪反应不堪重负，他们可能变得沉默寡言或昏昏欲睡。

情绪调节

当个体经历创伤时会引发强烈的情绪反应，就像被汽车撞到时我们会产生强烈的身体和情绪反应一样。撞车后的一段时间内，我们的反应是痛苦地尖叫、哭泣并感到脆弱。同样，创伤经历使得儿童在内心深处需要尖叫、哭泣和哀悼，但是如果在遭受创伤时表达自己的感受可能会受到进一步的伤害，那么他们就会保持沉默并将感受隐藏在内心深处。这会导致他们成年后严重内向化，难以表达自己的想法和意见，也难以开口讲话。在某些时候，他们需要时间和空间来感受自己的感受，并且被允许表达这些隐秘的反应。没有词语可以形容被背叛、被遗弃、被拒绝和被伤害的恐怖。因此尝试进行谈话治疗或谈论创伤可能会导致儿童更加沮丧或再次受伤，因为他们所听到的空洞的词语远远不能表达他们内心疼痛的严重程度。这就是为什么艺术、音乐和创造性表达能够比语言更好地表达痛苦，也是为什么创造性疗法是有助于康复的极佳且必不可少的工具。

我经常以何时撞到脚趾为例来说明情绪反应。如果我们正在度假，并且心情很好，此时我们的脚趾撞到了门上，那么我们可能会对门发脾气，然后很快放下这件事。但是，如果我们度过了糟糕的一天，撞到脚趾可能就是"最后一根稻草"，可能使我们怀疑是否应该放弃度假并回家。这就是遭受创伤儿童的生活，他们的内心已经充满了痛苦，因此很小的一个经历（如撞到脚趾）可能会导致他们做出激烈的反应，并且似乎与事件的严重程度不成比例。同样重要的是要记住，有些儿童最终会陷入"低落"的情绪状态，如无助、无望、绝望和沮丧。

解离

在本书的第二部分中，我将会对解离进行更深入的说明，特别是在第七章和第八章。

行为

当儿童试图保持日常生活的节律，但同时每当他们努力回避创伤记忆带来的痛苦，内心的感受开始强烈地翻滚，好像随时会爆发，并伴随着身体疼痛和感觉过敏时，他们会找到应对和解决所有这些"问题"的方法。酒精、食品、毒品、性、自残、刺激性活动，实际上任何成瘾行为都可以被视为减轻疼痛的一种方法。随着年龄的增长，他们会越来越多地寻求上述能减轻疼痛的东西，因为他们在其他方面得不到帮助。儿童会寻找任何可以帮助他们入睡的东西，因为在入睡前，潜意识可能会提醒人们过去的可怕经历。儿童可能会寻求控制感以回避任何脆弱的感觉，这可能会激发打架或其他攻击行为，因为这会让他们感到有力量和有控制感。所有这些行为都是儿童为了从对脆弱感和潜意识渗入日常生活的恐惧中寻求解脱的方法。

认知

很明显，当儿童的整个大脑全神贯注于生存时，他们没有太多空间学习似乎无用的信息。儿童专注于生存，其他事情都可以看作是次要的，除非全神贯注地专注于一个对象可以使他们的大脑从内部冲突中解脱出来。当儿童持续处于警觉状态并一直担心下一个危险时，其压力激素皮质醇可能会处于较高的水平，这可能导致他们坐立不安并消耗额外的能量。可悲的是，所有这些行为通常会使儿童陷入更大的麻烦，而当他们努力遵守规则并取悦令他们恐惧的成年人时，他们经历的内部冲突会加剧。我见过很多这样的案例，儿童被专业人士诊断为多动症并进行药物治疗，而这些专业人士根本不了解询问创伤史的重要性。

自我意识

当儿童的创伤来自他们熟悉的成年人时，这可能导致他们陷入内部冲突：他们无法恨那些原本应照顾他们的人，所以最终他们常常恨自己。他们常常感到自己是坏孩子，是他们自己造成了创伤，他们相信这些有权势的成年人对他们的看法。在《儿童心理之谜：破除羞耻感，如何培养孩子的自我认同和自信状态》一书中，我专门探讨了羞耻感的破坏性影响。

上述七个受损领域中的每个方面，通常都会导致儿童被认为行为不端、淘气、顽皮或不够努力。我希望通过"创伤眼镜"，人们可以清晰地认识到所有这些行为都是创伤的可怕后果，儿童经历了创伤并留下了一些症状。对于这些症状，他们无法选择、无法控制，并且感到震惊和害怕。

有时候，成年人认为儿童能够自控和自我了解，而没有意识到儿童需要依赖身边的成年人给出解释，即他们的行为是经历极端恐惧和无能为力后自然的生理和情感反应。

当蹒跚学步的儿童每日三餐都要吃甜食时，他们的照料者会耐心地解释这对他们的牙齿、能量摄入和健康不好，以及蔬菜对他们更好的原因。与之类似，成年人也应该向儿童解释，当他们感到害怕时会出现胸部、腿部和头部的躯体不适和相应的情绪反应；当他们非常非常害怕和感到无能为力时，躯体不适会持续很久，直到情绪得到释放。这属于儿童教育的正常部分，但目前还不是。

我们需要意识到并记住，通常儿童的任何防御性和攻击性行为都是在试图掩饰自己的恐惧感和脆弱感。当儿童遭受来自成年人的严重伤害时，通常在原始的、潜意识的层面，他们相信必须保护自己免受所有成年人的伤害，我们从他们的行为中可以看出这一点。儿童由于成年人的虐待、不恰当的期望、评判、居高临下或可怜、自相矛盾或无视、遗忘或远离产生的失望程度越高，成年人越难接近这些躲在愤怒或解离堡垒后面的儿童。对此我们必须运用更多知识和技能更加努力地尝试帮助他们。建立人际关系需要时间，但是这是可以做到的，只要作为成年人的我们保持节制和耐心，并且不放弃。透过儿童的眼神、承受的压力和混乱来观察其问题行为，然后对他们持续表现出同理心，不得不说这是一项艰苦的工作。传统的育儿方法对儿童的痛苦的处理方式像是火上浇油，而善意可以治愈儿童内心的痛苦。

对儿童来说，这些事件超出了他们的心理承受能力和脆弱程度，他们难以应对，所以必须想办法生存下来并继续日常的生活，就像这些可怕的事件从未发生过一样。首先我们必须尊重所有在恐惧中幸存下来的人，因为当我们与创伤幸存者一起工作时，他们会觉察到我们是否对他们感到沮丧或可怜他们，而这会阻止他们进入我们提供的积极的人际关系中。为了保持深刻和真实的尊重与共情，我们需要始终对儿童的生存方式进行足够的反思。对于这些儿童身边的成年人来说，这并不容易，但他们并不想与这些儿童相处得如此艰难，儿童只是想存活下来。我们还需要记住，与成年期相比，大脑在儿童时期具有很强的可塑性，可以付出更少的精力获得相应的改变。因此，改变和康复是可能的，为长期的收获付出努力是值得的。

思考

1. 你最担心的儿童在复杂创伤的哪些领域受到的影响最大？他们需要什么？

2. 你是否在遭受复杂创伤的儿童身上见过所有上述行为？你是否能看出这些是他们经历创伤的自然后果？

3. 你是否注意到现有的很多创伤相关工作主要针对的是 I 型创伤，对于遭受创伤越严重、持续时间越长儿童的康复，相关的知识和准备就越少？

第七章

解离障碍

IIIIIIIIIIIIIIIIIIIIIIIIIIIIIIIIIIIIIIIIIIIIIIIIII

"耐受窗"理论

　　丹·西格尔（Dan Siegel）提出了"耐受窗"理论，即没有创伤经历的儿童的行为和情绪几乎总是保持在正常范围内，或者保持在"耐受窗"内。如果你画一个窗口，代表耐受窗，想象其上方有一个形状和大小相似的窗口，代表所有的高唤起行为；其下方是另一个形状和大小相似的窗口，代表低唤起行为。健康儿童的耐受窗很大，因为他们只是偶尔出现高唤起和低唤起行为；但对于遭受创伤的儿童，他们的耐受窗可能很小，而其他两个窗口则更大一些。西格尔描述了当儿童遭受创伤时，他们的行为和情绪很少在耐受窗内，更多表现为高唤起（耐受窗上方）行为，如攻击、乱跑、打架、情绪不稳定、过度警觉（张望、闻或听下一个危险）、烦躁和坐立不安。或者他们也可能表现为低唤起行为（耐受窗下方），如孤立、昏昏欲睡、顺从、发呆、情感麻木或注意力不集中。

所有这些行为都被视为创伤的症状。我们与其从医学角度（习惯问"他们有什么问题"）看这些行为，不如看儿童经历了什么，并看看他们对此采取的防御性反应。当你的手指不小心插入插座且电流通过你的身体时，你的反应是被电击、感到痛苦和恐怖。与此类似，儿童的上述行为或创伤症状也是由于他们感到恐怖和无能为力，他们需要安全、平静的成年人帮助他们处理和理解这些经历。当我们了解创伤的不同反应后，就可以在儿童处于高唤起水平时帮助其平静下来，在儿童处于低唤起水平时帮助其激活。

如果儿童能和一个安全、平静的成年人保持稳定的关系，在他们经历多次创伤时，这个成年人可以提供稳定的、和善的、滋养的、反复的帮助，那么当儿童长大后面对不同的高唤起或低唤起症状时，他们就能从潜意识中发现更多的应对方法。如果儿童无法拥有这样一种稳定的关系，他们最终可能会尝试使用毒品、酒精、自我伤害、性或沉迷于电视来应对。他们这么做的目的是麻木自我以摆脱痛苦和内心的动荡，因为这似乎是他们活下去的唯一选择，而且没有人帮助他们理解麻木只能掩盖痛苦而不能摆脱痛苦。摆脱痛苦只能通过与友善的治疗师一起工作来实现，最好是儿童的主要依恋对象与专业人士并肩作战，他们可以让儿童有勇气面对自己的潜意识想要否认的事情，并开始揭露那些令他们恐惧的隐秘故事。

即使儿童对创伤表现出最强烈的否认或解离反应，但他们的身体通常会以非语言的形式表达内心的痛苦和崩溃。我们需要对儿童所有的身体痛苦和不适感到好奇。只有当儿童或成年人有足够的勇气和情感支持慢慢开始探究埋藏在身体和潜意识中的疼痛时，他们才有可能从创伤和解离的影响中恢复。通常，一个经历过复杂创伤的儿童仍然不得不努力应对甚至掩饰自己对这段经历的反应。儿童越是被单独留下，或者与脆弱、生病、感情疏远或令人恐惧的父母待在一起时，他们就越不理解为什么自己会有如此不同的感觉。

[萨妞的故事]

有时我觉得这只是一场梦，不是真的。就像我从自己的身体外面看着自己一样。有时我感到身体的一部分麻木，我无法控制它或感觉不到它。

* * *

正确认识解离

    与遭受创伤的儿童一起工作时，专业人士更容易理解儿童的高唤起行为（外显行为），因为他们可以清晰地观察到这些行为，而且儿童经常会搞破坏。低唤起行为（内隐行为）也是复杂创伤的主要症状，但是专业人士对此了解得比较少。解离是一种常见的低唤起症状。许多专业人士提及的解离指的是儿童走神或做白日梦，不能专注于某项任务。通常人们提到"解离"时的意思是不够踏实或不能"立足当下"，因此许多人运用一些简单的练习来实践"立足当下"以帮助创伤儿童。不能"立足当下"是解离的一种表现，但是解离比这复杂。据我观察，许多有关创伤的干预措施似乎很少了解或谈论解离行为的多样性，因此经历过最严重创伤的儿童通常会被误解，或者更糟糕的是完全被忽视。有时这可能导致儿童在治疗中玩一种游戏，试图猜测自己应该说些什么以避免失控，不停地花时间隐藏自己的脆弱，持续加固解离的堡垒，来保护和掩盖那些不想被他人看到的秘密的内心动荡和痛苦。因此，如果治疗师解释了治疗的原因，而不是挑战儿童的解离和保护机制，许多儿童会"配合治疗"，甚至看起来很惊讶。在督导和培训了许多儿童心理治疗师之后，我发现，对遭受复杂创伤的儿童进行完全非指导性的治疗并不是使治疗有效的唯一因素，同时还需要建立治疗关系。

解离是个体为了生存而分离或疏远的一种方式。它是一种生物生存机制和心理防御体系。

弗兰克·W. 普特南（Frank W.Putnam）提出："解离通常被概念化为一种防御过程，在面对压倒性的创伤体验时可以保护个体。"一个人可能会体验到与自我脱节，包括他们的记忆、感觉、行为、思想、身体，甚至他们的身份。对于某些人来说，这可能是一种短期生存策略，可以帮助他们有效地度过危机，并且不会再次使用。但是在这一部分中，我们要探讨的是一种可以持续数月、数年甚至一生的应对机制，并且远非生存所必需的机制。许多儿童的解离症状，不仅在创伤事件中出现，当创伤记忆被唤起时也会出现。

例如，一个儿童被马踢伤了，之后他会康复，但之后当他再看到马或马的照片，或者有人穿了一件闻起来像马或农场的味道的外套时，他的反应可能就像又一次被马踢伤了。他可能不会将自己的反应与被马踢伤的经历联系起来，而且困惑自己为何会无缘无故地反应如此剧烈。解离可以使个体将创伤经历的方方面面区分开，并与之分离，否则这些创伤经历可能使他们不堪重负。解离使得儿童的创伤性记忆与核心自我保持距离，但这种应对机制又会导致各种问题。

解离的防御功能分类

普特南将解离的防御功能分为三大类。

- 自动化行为（如战斗、逃跑、僵住、崩溃等自动化反应，当人们为了生存而无意识地、本能地采取行动时，他们事后常常会惊讶于自己的所作所为）。

- 信息和情感的隔离（使用内部潜意识的小桶将令人痛苦的经历、感受和反应进行隔离）。

- 身份的转换和自我隔离（通常伴随着遗忘，一种显著的隔离是将自我隔离到不同的小桶里，并分别保存不同的生活部分，感觉这些都是"我们"，而不只是一个人。在第八章中我将对此进行介绍）。

不同程度的解离

解离连续谱能够帮助我们理解这种应对机制的不同严重程度（见图 7.1）。轻度解离指的是"出神"或走神，个体偶尔有意地使用轻度解离并不是什么大问题。但是，不要越来越依赖这种方法回避某些事情，这是需要我们关注的。长时间的解离会导致个体更严重的心理健康问题，因此，越早解决这个问题越好。而且，解离症状持续的时间越长，对儿童日常生活造成的干扰就越大。解离症状会抑制儿童对自己或家庭任务的责任，或者遵守家里、学校的要求，儿童的学习也可能受到干扰。例如，在课堂上，有时他们可能注意力集中并听到重要的信息，但有时却走神并漏掉重要的信息。解离也可能影响儿童所有的人际关系。例如，由于儿童过于强势、过度被动和抱怨、过分要求和积极进取、过于退缩，进而影响和父母的依恋关系，以及与家庭、朋友和同伴的关系。解离还可能导致儿童出现失眠、睡眠被"偷走"、挑食、挑衣服和难以被满足。

正常的解离　　　　　现实解体　　　　　解离性身份障碍
　　　　　　　　　　人格解体

图 7.1　解离连续谱

在适度的解离中，儿童学会了阻隔和关闭不愉快的感觉、经历和感受，或者将自己与其分离，以使日常生活继续。有时，这可能导致人们变得"过于理性"、学识渊博和聪明绝顶，所有的感觉都会被分析而不是被感受，脆弱隐藏在傲慢和优越感的背后。这可以使人们"成功"地远离脆弱，因为他们对自己的脆弱感到羞耻并希望它永远成为一个秘密。

面对无法控制、无力反击或无法逃脱的恐怖经历，人类为了生存经常使用的两种解离反应就是现实解体和人格解体。感觉不到自己的身体，感受不到潜伏在身体里的痛苦，如同行尸走肉，只能感受到麻木，或者活在一个自己可以控制一切的世界中，这种应对机制可以帮助我们渡过可怕的经历。

现实解体

现实解体能够帮助儿童阻隔此时此地的现实，逃离到自己的世界中，在那里要么事物变得模糊、感觉变得麻木，要么不必意识到自己的经历有多么糟糕，因为他们无法承受。这种体验似乎并不真实且不可能发生，因此他们创造了一些方法，可以让自己在没有真正"身临其境"的情况下生存下来。他们可能描述自己会长时间发呆，或者昏昏欲睡很难"清醒"。他们与周围的世界脱离，有时他们会说自己与他人之间好像隔了一层玻璃门或玻璃窗。有些人将其描述为仿佛透过摄像机看周围的生活，而不是真正地生活在其中。其他人则将其描述为仿佛周围的世界是虚幻的，或者某些物体的颜色或形状在不断地变化。一些儿童似乎生活在幻想的世界中，尽管所有儿童都拥有丰富的想象力，但是，如果他们花费大量的时间待在幻想中，这可能表明他们存在现实解体，并且缺乏生活在此时此地的能力。

[卡莉的故事]

　　卡莉过得很开心，但她每天需要花几个小时在昏昏欲睡状态下看电视或玩电脑游戏，然后才能入睡。通常，她会在电视机前入睡，身上盖着一堆衣服。她在学校经常走神，并很难专注于自己的学业，因为她花了很多时间待在自己的世界里。

* * *

人格解体

　　人格解体与现实解体类似，但表示的是个体关闭情绪、身体感觉或压倒性体验的其他方面。个体可能感到与自己的身体脱节。他们可能感受不到疼痛、饥饿、饱腹或不适。他们可能会觉得自己好像在看电影，或者从外面看着自己。显然，尽管这种生存策略能帮助儿童渡过恐怖的折磨，但只要儿童感到恐惧，其潜意识往往就会关闭。有时他们会觉得自己好像没有了身体，或者觉得自己像机器人，或者无法完全控制自己。这可能会导致他们自残，因为他们可能想看看自己是否会流血或感到疼痛。疼痛可以让他们感觉自己还活着。有时，解离反应可能确实是有问题和有害的，因为它阻止了儿童全情投入到此时此刻或记住事情的细节。当儿童无法读取诸如饥饿、危险、快乐或焦虑之类的身体信号时，他们会将自己置于危险的境地。以下创伤经历通常会导致解离反应甚至现实解体或人格解体：疏忽，父母无法对孩子的痛苦予以共情或情感慰藉，性虐待或反复的躯体虐待，持续的严重霸凌且无处求助，儿童无法动弹并感到恐惧的医疗干预，儿童被迫观看到的其他恐怖事件等。当医生"伤害"儿童时，儿童的父母在场但没有"帮助"儿童减轻疼痛或不适，此时儿童可能会感到非常困惑，他们不知道为什么。为了从人格解体中康复，儿童需要借助不同的基于身体的干预措施，慢慢学习重新去感觉，帮助他们以一种不会引起二次创伤的方式体验自己的身体（我们将在第十一章"学习重新感受"中进行探讨）。

[黛西的故事]

　　我经常看到黛西急匆匆地奔向厕所，而且她总是在吃东西。她看起来很开心，但有时在别人感到害怕时她却大笑起来。过了很长时间，我才意识到她试图让人们看不到她所遭受的痛苦。她非常害怕成年人大声讲话，并且害怕任何人可能发现她家里的问题，因此她用笑容阻止了人们提出任何问题。她发现这很有效，可以将任何可能窥探秘密的人拒之门外。在治疗过程中，她慢慢地开始感觉到自己的感觉，随着记忆的恢复，她能够忍受情绪的短暂爆发，然后是忍受更长时间的爆发。现在，她能感知到并享受各种各样的感官体验。

* * *

金色小桶与泥巴小桶

为了向儿童解释情绪崩溃，我会告诉他们人的体内有两个小桶：一个是金色小桶，存放着我们的快乐回忆；另一个是泥巴小桶，存放着我们的糟糕记忆和经历。如果我们的泥巴小桶装得太满，里面的东西就会溢出来，我们的行为会开始给我们带来麻烦，但是我们可以下意识地创建另一个小桶来放置和"保存"我们的糟糕经历。一些儿童遭受了太多的创伤，以至于他们有多个桶来容纳他们所忍受的所有可怕的经历。面对反复的恐怖经历，解离是撑下去的一种方法，因为它可以帮助儿童将痛苦、恐惧或崩溃的感觉剥离并放进可控的小桶里。可悲的是，解离也会使他们感到困惑、内心充满冲突，有时甚至与现实脱节，好像自己与周围的人不一样，但至少可以让他们每天都坚持下去。

[**汤米的故事**]

汤米在学校里常常对我说：埃迪在家画画特别好。我曾经问他埃迪是谁，而他对此感到非常惊讶，因为显然埃迪就是他。我不明白他为什么有两个名字，并且看上去完全不同。他的举止非常多变且极易发火。

* * *

潜意识

许多成年人希望帮助遭受复杂创伤的儿童，与这些儿童一起工作所使用的语言和方法通常需要用到认知功能，如反思、推理、协商、理性思考和重新思考事物。问题在于，遭受复杂创伤的儿童的大脑固着于生存，他们无法在不增加疼痛和不适感，同时伴有愚蠢、羞耻、无助和沮丧的感觉的情况下轻松地完成上述认知任务，所有这些认知任务都会加重创伤症状。复杂创伤会导致个体的潜意识和身体出现问题。这就是认知行为疗法对遭受复杂创伤的儿童无效的原因，当他们被触发或感到不安时，可能很难进入思维脑。创伤记忆以感觉记忆的形式存储在潜意识中，我们需要关注和帮助他们的潜意识。

III型创伤可能导致儿童难以信任他人，他们担心自己被抛弃或拒绝，并引发羞耻感、受伤感或不适当的情绪反应，以及大脑无法专注于学习，除非这种学习有助于他们全情投入于生存和存活。如果儿童身边有一个安全的、关心他们的成年人（与其保持一种持续的、稳定的、友善的、滋养的关系，而不是短期关系），来帮助他们表达自己的情绪，探索自己的躯体反应和内心冲突，那么他们就可以逐渐稳定化，并最终走向康复。然而，儿童始终需要心理治疗师帮助他们解开潜意识记忆和身体记忆，因为即使在积极的关系中，通常也会有一段时间成年人找不到任何词语打开儿童的心扉，更无法让他们开始描述创伤事件。让儿童听到自己对事件的描述，可以让他们产生一种真实感，这样他们就不太可能假装那不是事实，所以对他们来说，说话可能会变得非常可怕。格伦·N.萨克斯（Glenn N.Saxe）等人简单地解释说，"遭受创伤的儿童对人际关系的记忆通常是充满冲突、争吵、背叛、暴力、丧失和遗弃的，这些记忆会产生很多影响。"

闪回

遭受创伤的儿童及其身边的人可能经历的困扰之一是闪回。闪回是突然闪现的感觉记忆，会瞬间占据主导地位，人们在当下好像重新经历了一遍恐怖事件。如果我们看到某人经历闪回症状，那么他们看起来可能情绪反应过度，通常因为很小的事情就情绪爆发。儿童的潜意识存储着有关情感、关系和身体的记忆，这些记忆纠缠在一起，并可能触发一些反应，连他们自己也感到震惊和恐惧。

触发因素可以是感觉，如气味、声音、看到的东西或者与过去的创伤经历相关的情感。如果儿童在遭受创伤时，经历了特定的气味、声音、感受或知觉，那么再次接触这些东西时他们就会变得敏感，因为"一起放电的神经元会相互连接"。这句名言是加拿大神经心理学家唐纳德·赫布（Donald Hebb）在1949年提出的，表示我们的每一个思想、身体感觉和经验都会触发大脑中成千上万个神经元，这些神经元会形成一种联系。每当上述经历重复时，大脑就会同时触发这些形成连接的神经元。当儿童出现闪回时，与他们在一起的成年人需要迅速提供安抚，可以安慰儿童自己就在他们身边，现在是安全的，现在没有发生恐怖的事；然后，成年人可以帮助儿童做一些基础练习（见本书第十章"建立安全感"）。

所有旨在帮助儿童稳定和康复的方法，都必须从建立令儿童感到舒适和平静的关系开始，以便最终使他们潜意识里的体验得到梳理、闪回得以减少并消失。

我经常将创伤比作情感癌症。创伤导致毒性渗入人们的情绪、人际关系和身体，通常这需要专业人士的帮助才能康复。问题的复杂性在于，与专业治疗师的训练和经验相比，父母通常会对创伤儿童感到无能为力，而这会增加他们的无力感并导致创伤。这就是为什么父母和照料者需要与专业人士建立信任并一起合作。关于复杂创伤的知识虽然容易获得，但它们很复杂，在运用时需要格外小心。因此，除非你能充分理解这些知识，否则总结或简化它们可能会造成问题，导致儿童的照料者之间发生冲突。

如果我的孩子得了癌症，那么我会翻阅图书和查找资料，尽一切所能地帮助他，回答他的问题；但由于我没有进行过相应的培训，所以我不能自己治疗他的癌症。本书旨在帮助儿童的照料者、父母或专业人士了解创伤、复杂创伤或解离及其症状表现，还会重点介绍对康复至关重要的一些必要的安全策略和环境。虽然本书没有提供足够的知识促进创伤儿童实际康复的过程，但是我希望它能帮助你减少焦虑或进一步学习。

思考

1. 你是否了解，儿童解离的内部表现更为复杂，不只是你看到的发呆或昏昏欲睡？

2. 你是否发现自己会通过活动或消磨时间来麻痹自己、回避不想注意到的内在痛苦？那你所照料的儿童呢？

3. 你是否了解，尽管很艰难，但当儿童在所有人的帮助下能缓慢地注意到自己内心的痛苦时，他已经踏上了康复之旅？

第八章

自我分裂

IIIIIIIIIIIIIIIIIIIIIIIIIIIIIIIIIIIIIIIIIIIIIIIIII

在前文中我提到了两个小桶的比喻，现在我们已经很清楚，为什么有些经历了过多恐怖事件或被忽视的儿童需要创造自己的生存策略，将恐惧隔离开，或者将其分装到隐秘的位于潜意识的小桶中，使其远离他们的日常生活。我敢肯定，如果在日常生活中这些小桶中的东西没有漏出来，那么许多儿童会将这些记忆和混乱埋藏在离他们尽可能远的地方。然而，可悲的是，儿童最终会生活在冲突不断和不知所措的感觉中，他们常常找不到真正的原因，并伴随着许多奇怪的行为和记忆问题，而所有这一切都是因为最初的生存方法导致了破坏性的自我分裂。

复杂创伤导致自我分裂

以吃冰淇淋或法棍面包为例，我们就能理解自我分裂的概念了！我们的一部分自我非常想吃零食，而另一部分自我则强调吃零食不健康！但是，这与遭受反复的和恐怖的创伤所导致的解离症状完全不同。当儿童遭受反复的和恐怖的创伤经历，但没有得到足够的来自成人的安抚时，为了生存和继续应对摆在他们面前的日常挑战，他们不得不将自己分裂成不同的部分，在解离理论中这也被称为不同的"状态"。这种解离或隔离可能是生存所必需的，但从长期来看这是不正常的，可能会造成极大的混乱，加重儿童的无助感和不知所措感，因为儿童的一部分自我（或自我状态）在继续日常生活，不太记得他们见过和经历过的恐怖创伤，而另一部分自我则保存了创伤的细节。这种分离和解离性隔离是儿童自我保护的一种方式，以回避对创伤的恐惧和与创伤相关的情绪、感觉、想法及画面，但从长期来看，它们只会造成混乱。创伤经历越严重，儿童拥有的小桶或状态就越多，他们的隔离程度也就越严重。

作为一种解离反应，不同的小桶或状态并非儿童经过深思熟虑后做出的选择，而是他们下意识的反应，以帮助他们渡过这些常人难以承受的经历。触发儿童做出这些反应的事件，通常是旁观者不会注意到的。儿童的反应可能表现为身体、行为、情感或言语非常冲动，令人难以理解。这些行为通常与儿童的年龄不符，可能会使儿童身边的成年人感到困惑、愤怒、沮丧或受挫，但无论是成年人还是儿童自己，他们都无法理解这种表现。

如此一来，儿童将自我分裂成不同的部分，以存放这些令他们难以忍受的痛苦的情绪、身体记忆和经历。根据不同状态之间的隔离程度，这些状态可能表现多样，解离程度也有所不同。我们似乎可以很明显地看出儿童主要的或呈现出的是哪个部分，但通常这是一种微妙且隐蔽的应对机制，只有在发生另一次创伤时才会变得明显。有时候，儿童甚至可以在脑海中听到不同状态的声音，而在其他时候它们好像只是一种印象。

有时儿童会听到一些声音告诉自己去做某事，他们对此感到困惑。这些声音可能让他们去捣蛋或做坏事。桑德拉·维兰德（Sondra Wieland）解释说，在那一刻，他们也可能会被强烈的情绪淹没，感觉时间好像完全冻结了或感到非常困惑。

儿童在经历这些部分或自我状态时，可能的体验是听到有声音告诉他们该做什么，或者感觉到体内发生了变化，或者感到被情绪或感觉吞噬，或者退行到最初受到惊吓或经历创伤的年龄。

如果不同的部分或桶之间相互隔绝，可能会导致解离性遗忘。这不是正常的健忘，而是一种影响正常生活的记忆障碍，因为儿童忘记了整个事件或经历。桶与桶之间可能不知道彼此的存在。解离性神游是解离性遗忘中最罕见的一种，人们的记忆会中断，他们最终可能会换名字、搬家并采用全新的身份。

创伤与解离研究中心（Study of Trauma and Dissociation）将解离定义为：

> 出于安全感的需要，人们将情绪、身体感觉或经验与自己的意识完全分开，因此，人们在意识范围之外"创建"了单独的一部分自我，用来存放这些情绪、感觉或经历。

如果在遭受创伤的时候个体无法战斗或逃跑，解离就会成为一种有效的应对策略，因为它使创伤幸存者能够应对压倒性的恐惧或无助。但是，由于这种生存策略是从外部世界退缩并只专注于内部世界，所以可能会导致长期问题增多，进而严重损害个体的人格发展。我们应该注意到，儿童存在解离症状并不意味着他们目前正在遭受虐待。即使儿童是安全的并且处于支持性的环境中，通常解离也会持续，可能会一直持续到儿童接受适当的治疗为止。

[克莱米的故事]

有时我发现自己从远处看着发生在我身上的事情，就像那不是我一样。我好像离开了自己的身体，这样就感受不到疼痛了。每当我感到害怕或被伤害时，这种情况都会自动出现。

* * *

雏菊理论

当创伤儿童得以幸存，并迫切希望自己看起来正常时，他们可能会另外创建一个小桶或一种状态以维持生存（尽管这不是他们有意识去做的）。开始时他们的表现可能是否认，这样就可以花一些时间才能想起过去的事情甚至最近的经历，但是慢慢地这就会发展为一个复杂的内部系统并在没有任何人注意的情况下运行。在儿童的内部，这些状态互相隔离，因此尽管一种状态保留了被虐待的记忆，但另一种状态对此却没有记忆，这可以使他们与他人甚至是虐待者建立关系，或者做一些其他状态会害怕做的事情。儿童遭受的创伤越多，需要的桶和状态就越多，以让这些经历远离自己的意识，这样他们就能在更少限制的情况下继续生活。这导致儿童的核心自我意识分裂，伴随着解离症状形成不同的状态，使生活在短期内可以承受，但从长远来看会导致进一步的动荡、混乱和挑战。阿丽尔·施瓦兹（Arielle Schwartz）认为，

> 儿童会尽其所能，将危险的环境变得可以容忍，即使只是通过幻想来实现。有时，这个过程包括在脑海中创造理想的妈妈或爸爸，并与外部现实世界脱节。这可能会导致儿童的自我组织结构严重破裂。

为了理解创伤儿童的这些不同状态的发展，我提出了"雏菊理论"，以帮助儿童了解他们是如何应对创伤事件并保持生存的。雏菊理论是基于隔离理论提出的，即隔离过程中的解离程度会有所不同。普特南认为隔离是一种防御机制，通过将压倒性的经历和感受隔离开，儿童知道自己受到父母的严重虐待，但同时又可以将父母理想化。

雏菊理论是我在与儿童及其家庭的工作中发展出来的，用于解释一个有解离症状的儿童学到的应对创伤的方式。

与约翰·G. 沃特金斯（John G. Watkins）和海伦·H. 沃特金斯（Helen H. Watkins）的自我状态模型的心理学理论一致，雏菊理论的花瓣之间用线隔开，虚线表示各部分之间的隔离程度较小，而实线表示

隔离更严重，甚至可能导致记忆删除。为了涵盖结构性解离理论，我通常将雏菊的中间部分视为儿童经历的表面正常部分，将花瓣看作他们的情感部分（见图 8.1）。

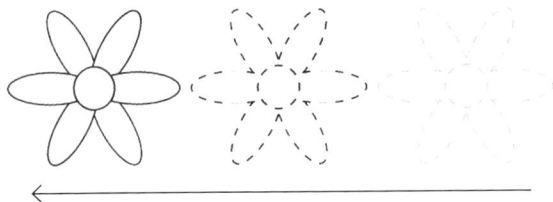

图 8.1　雏菊理论

花瓣为实线的雏菊代表一个人的不同状态之间是完全隔绝的，从而导致解离性身份障碍；由实线组成的花瓣使它们能够各自继续发挥功能，尽管不是作为一个整合的自我。解离性身份障碍曾被称为多重人格障碍。

结构性解离理论认为，人格包括两部分，即表面正常部分和其他部分（即情感部分），当一个人出现解离症状时，这两部分之间会出现分裂且无法整合。随着创伤的增加和伤痛的积压，花瓣由虚线变成实线，两部分之间的相互遗忘会更加严重，当创伤使得解离变得更加严重时，自我状态之间的界限就会加深。

无法承受的创伤事件

解离性身份障碍并不像媒体报道的那样罕见，但它是一种严重的疾病。尽管它位于解离连续谱的最右端，而且被认为是一种严重的心理健康问题，但是它并不像媒体报道的那么奇怪。而且患有解离性身份障碍的儿童仍然是可以康复的。很少有人提到解离性身份障碍是个体的一种本能的生存反应，用来应对原本无法承受的创伤事件，以至于大多数人一想到自己有这样的诊断就感到恐惧。解离性身份障碍是严重创伤的一种症状。通常，其他人不会注意到个体内心的体验，因此除非在创伤门诊，其他地方很难找到有关这种创伤症状的信息。

如果有人患有解离性身份障碍，他们会在不同的时间体验到不同的部分、小桶或人格在控制他们的思想和行为。

- 他们可能会觉得自己同时是几个不同的人，分别具有不同的想法和记忆。
- 他们可能会觉得不同的部分会分别占据主导，而自己无法控制。
- 一个人可能会用不同的名字称呼自己，而其他人也可能会用不同的名字称呼他。

- 他们可能感觉到剧烈的内心冲突，脑海中充斥着不同的意见甚至声音，导致他们无法做出简单的决定。

- 他们可能很难记住一些事情或一段时间内发生的事情。

- 他们可能会觉得自己有一些严重的问题，并对此感到恐慌。

- 他们可能会觉得自己与同龄人不同，并且迫切希望合群。

- 他们可能会因自己不记得的行为或内心动荡而受到指责，并因此感到困惑。

DSM-5 对解离性身份障碍的定义

DSM-5 指出，解离性身份障碍患者的主要特征是身份的瓦解，一个人会经历两个或多个不同的人格状态（部分、花瓣或小桶），这些状态是截然不同的，因为在不同状态中其行为、记忆、思维以及与世界互动的方式都有所不同。这类患者可能有记忆空白或难以记起在其他人格状态时的事件或经历。

记忆障碍

　　自我分裂可能导致的一个问题是与记忆有关的困惑。任何人在反复遭受创伤、反复被诱发出应激反应后，其海马体（大脑中负责记忆的部分）将无法保持理性和形成有条理的记忆，只有情绪化记忆、隐性（非显性的）记忆和感官记忆（身体和感知觉记忆）保留在潜意识中，因此他们无法处理或见证自己的故事。一个患有解离障碍的儿童几乎不可能有一段清晰的、有序的记忆，因为他在一天中会经历不同的状态，而没有一种状态能拥有完整的记忆。他也许能在不同的状态之间保留完整的记忆，但这取决于内部系统的团体协作，通常情况是直到治疗有进展时才会如此。实际上，许多儿童对内部系统的解离并不自知，他们可能不知道拥有其他状态是不寻常的；相反，他们可能只意识到自己存在记忆问题、内部冲突和难以拿定主意。有些人会在脑海中听到各种状态的声音。他们对记忆和时间感到模糊或明显的困惑，并产生无助和焦虑感，进而导致愤怒、解离加重、自我封闭或使用其他应对机制。

　　显然，当儿童需要证明自己的创伤经历时，或者被成年人问及是否做了自己不记得的事情时，记忆障碍会成为阻碍。通常记忆障碍会引发更多的问题，人们会认为这些儿童在说谎或不合作。维兰德认为，

　　儿童的内在自我被中断，但感觉、感受和知识仍然存在，因为它们已经被大脑和身体以某种形式感知和处理，但它们被排除在主观意识之外。

[克洛伊的故事]

当老师告诉我，我做了那些可怕的事情时，我真的不记得
了。这太可怕了。我永远不会那样做。但是现在我知道我真
的不记得那节课了，所以有可能是另一部分的我做的，因为
我当时受到了刺激并感到不安全。

* * *

自我状态

当个体处于严重解离状态时，每个小桶或雏菊的每个花瓣都代表
一个完全独立的自我状态。它们都是个体心灵的一部分，它们被隔离
开是为了每一部分都能存放一段特定的时光、一段特定的施虐关系和
一种特定的状态（每种状态都有其特定的应对机制或技巧，如攻击性、
聪明或性欲），或者为了存放某种特定的情感（这些情感让个体的自我
核心意识不知所措）。在解离连续谱较轻的一端，不同状态之间能互相
意识到彼此的存在，并了解其功能，这被称为"共识"。它们可以作为
团队协作，儿童在需要时可以切换到最有用的状态，并整天（有时是

整夜）不停切换状态以适应所有不同的需求。

在解离连续谱较严重的一端，儿童可能并未意识到不同状态的存在，但是他们能意识到自己有时会感到矛盾、困惑和丢失了时间（在做一项任务时突然不记得在那之后发生了什么）。有时他们非常了解自己的不同状态。儿童需要对自己的冲突感产生好奇，并看到它们来自不同的状态。这种方法可能有助于帮他们了解在核心自我中持有对立思想是可能的。

"绘制雏菊"（即在每个花瓣、小桶、部分上书写）是开始帮助儿童树立对自己的内在世界的掌控感和力量感的一种方法。雏菊理论模型为创伤儿童提供了一个框架，当他们了解了每种状态的更多信息时可以在上面添加信息，这还有助于与需要了解情况的成年人进行沟通。每种状态、小桶、花瓣都可以有自己的时间和空间来发言、表达和探索其需求，直到创伤得到处理并不再需要花瓣、小桶或部分为止。这种绘画活动只能由儿童与合格的创伤心理治疗师一起进行，或者只能由照料者或父母在特定的临床辅导和指导下与儿童一起进行，并且需要一定程度的控制，否则会导致创伤，不具备相关资质和不专业的工作方式都是违背伦理的。对此大多数专业人士需要接受相关的培训。

[索菲的故事]

　　有时我觉得自己在漂浮，似乎无法保持静止不动。一切都
处于慢动作，我无法感觉到自己的身体。

* * *

图 8.2 是绘制雏菊示例，它代表了一个 9 岁儿童的内部系统。

图 8.2　绘制雏菊示例

我们可以清楚地看到，雏菊的花瓣或状态是彼此分开的，儿童通过失忆将它们隔开，儿童无法完整地回忆自己的生活，因为记忆是由独立的状态分别保存的。这显然让他们感到困惑！一旦雏菊图开始显示内部解离系统是如何工作的，并使他们发现能够减轻混乱感的安全性和放松性活动，那么下一个治疗目标就是在家庭的支持下帮助花瓣的边缘消失，让各部分相互合作。至关重要的是，重要他人首先要欢迎儿童的每一种状态，包括那些表现恶劣的状态，要认识到它们对儿童的生存有很大的助益。每种状态的创伤记忆一旦得到处理，它们就不再被需要了，儿童可以对它们表示感谢，治疗师可以帮助儿童对它们进行整合，鼓励儿童对浮现出的每种状态发展同理心。有时出于某种原因，如为了保护或保存某些东西，儿童可能出现某种动物状态。如果父母或治疗师拒绝任何一种状态，儿童的核心自我和自我状态就会察觉到。儿童的所有状态都需要与重要他人建立信任和依恋关系。

状态的切换

当我们保持好奇心，开始与儿童一起绘制他们的内部系统时，我们可以观察和记录他们每次从一种状态切换到另一种状态时的情况。我们注意到并加以记录是很有帮助的，这样就可以开始了解各种状态，并越来越清楚是什么引发了状态之间的"切换"。尽管有时我们可以观察到儿童在不同状态之间转换，但大多数变化看起来很正常，因为解离与生存有关，而隐藏这种生存行为对于儿童的安全感至关重要。只有在某些时候我们才能看到他们的行为的变化，这些变化可能表明他们从一种状态切换到另一种状态。例如，我们可能会看到儿童：

- 凝望天空；

- 眨眼，眼神飘忽不定；

- 声音发生变化；

- 变换身体姿势；

- 偏好发生变化、偏好出现冲突；

- 记忆出现问题，忘记自己刚才说或做过的事情。

　　当看到儿童从一种状态切换到另一种状态时，我们需要保持好奇、冷静和一致，这也是他们在那一刻所需要的。这样做很难，因为持续的未知会让成年人感到疲倦，对儿童来说也是如此。疲倦会进一步加剧这种艰难的感觉，进而导致状态切换和爆发性反应升级。因此，帮助儿童找到方法获得平静和内心的安全感绝对至关重要。许多儿童的状态切换不是很明显，但随着我们对他们的了解，我们可以注意到他们的态度、性情、见解和人际关系会略有变化。

[莎莉的故事]

她把双手放在耳朵上，愁眉苦脸。她的妈妈在和老师说话，他们以为她不耐烦了；但是她脑海里的声音想知道他们在说什么，她想为自己辩护，想跑掉，想哭泣，但是各种想法之间没有达成一致。

* * *

难以合作的状态

儿童的一些自我状态是愤怒的、破坏性的或消极的，我们为了促进儿童的康复与这样的状态一起工作是很困难的。内化是一种状态或一个小桶在模仿生活中有权势的某个人，犯罪者的内化是自我部分在模仿虐待行为。重要的是我们要记住，这些状态存在的唯一原因是试图帮助儿童生存，儿童在用对他们而言合乎逻辑的方式来行动。内化镜映了施虐者，一方面它努力小心地保持儿童做出施虐者想要的行为和态度，另一方面它试图努力保护儿童的安全。处理这些状态可能很困难，但是它们是解离系统的重要组成部分，需要我们花时间倾听和处理，否则它们将继续被隐匿和掩饰，儿童的内心也会遗留剧烈的内心冲突。这些状态不能被忽视、被消声或被命令走开，最好能被倾听，并知道它们的目的是"了解为什么遭受创伤的儿童可能镜映或表现出他人的某些特征，包括在自我状态下的镜映，这些可以通过大脑的镜像神经元来解释"。

思考

· · · · · · · · · · · · ·

1. 你是否见过一个儿童表现得像两个不同的人？把这解释为两种不同的自我状态行得通吗？

2. 你能否了解，当儿童面对反复的创伤却无法战斗或逃跑时，自我封闭或隔离是他们的唯一选择？

3. 你所照顾的儿童在感到害怕时会做什么？

第九章

复杂创伤的康复

心理健康教育

在创伤康复中心，治疗师们使用雏菊理论帮助经历过复杂创伤的儿童，开始探索他们的内在发生了什么。他们有哪些状态保留了创伤？他们感受到了什么样的冲突？重要的是他们认为自己的潜意识惯用的应对方法很机智，因此他们才会有足够的安全感来探索自己的状态及其保存的记忆。但是，我们的目标是帮助他们逐渐整合，以使他们不再需要所有这些小桶、花瓣或状态，而是可以成为一个整体。在我的心理治疗师培训工作坊中，受训者报告说，内心冲突和记忆问题已经成为许多幸存者生活的一部分，来访者在讲述这些时会感到很轻松。来访者会注意到自己从一种状态切换到另一种状态，他们会开始好奇之旅，而不再是感到羞耻和保密之旅。治疗目标始终是自我开始探索不同状态的作用、目的和记忆，然后不再需要它们，整合过程可以继续直到他们形成一个整合的自我意识。简尼娜·费舍尔认为，

> 个体采取的适应措施是自我和身份严重的分裂，以至于个人的内心世界变成了战场。我注意到，当我向来访者讲明解离性分裂是对创伤的常见适应性反应时，他们就感到解脱了。

[佩妮的故事]

> 她非常确定，说没有人伤害过她，而且她很高兴。这很奇怪，因为前一天她对虐待的事实似乎很清楚。现在，她充满信心、很平静，对于有人提到昨天的披露一事感到有些生气。

* * *

主要依恋对象和家庭氛围

我在《儿童心理之谜：依恋，如何给孩子一生的安全感》一书中从长期的角度探讨了主要依恋对象的重要作用，对此可以总结为依恋是养育子女的特殊要素，主要照料者不仅仅要满足儿童的生理需要，还要提供情绪支持，即成为儿童的情绪安全员。同样重要的是我们要认识到，经历过复杂创伤的儿童很难信任成年人并建立依恋关系。如果在一段时间内他们几乎没有好转的迹象时，他们就会依赖自己的"安全成年人"继续对自己投入时间和耐心。

主要依恋对象需要和心理治疗师密切合作来与创伤儿童一起工作，对儿童的行为产生好奇心，并帮助儿童找到解决他们内心动荡的方法。要不断向他们声明这会是一个持久的旅程和过程，而不仅仅是拼命地解决问题，对这一点达成一致很重要。我描述了儿童在这方面可能经历的绝望感：

儿童迫切希望找到一个成年人，与他在一起时他们感到安全和有保障，并能够探索自己的身份和了解世界，但是他们不知道如何发展这种关系，而且通常不知道这种关系的存在。

俗话说，最需要爱的人以最无爱的方式寻求爱。

对于儿童来说，家需要成为一个情绪安全的空间，家人都是平静的、友善的和滋养的，同时在家里几乎没有不可预测的经历，有着可以预测的日常生活和尽可能少的紧张感与争论！复杂创伤的康复之旅并非一个短期过程，因此每个人都需要尽可能地做好准备以向儿童提供情感支持和滋养。要对学校和儿童经常去的其他地方的工作人员进行培训，帮助他们了解如何创建一个健康的情绪安全的环境，确保儿童不会遭受任何冲击、意外或压力。

康复阶段

当儿童面临一系列问题如情绪、触发因素、内心动荡和其他症状（身体疼痛、人际关系问题、学习困难和困惑）时，其复杂创伤的康复之旅必须从稳定化开始。这意味着儿童能够在生活和学习环境中拥有可预测感、安全感和熟悉感。无论出于什么原因，如果任一环境发生变化，那么儿童在情感上就会感到不够安全，进而无法完成任何康复任务，因为他们所有的情感能量都必须集中在自己身上以适应这种变化。

此外，由于创伤经历，儿童很可能会拥有一种持久的模式，即认为无力感非常可怕并试图避免。因此，每当他们在日常生活中以任何方式感到无能为力时，都会引发他们看似不相符的强烈的、巨大的反应。

为了促进康复，儿童需要在此时此刻感到安全，在确保这一点之前，治疗师不应削弱儿童正在使用的安全和生存方法，因为这会让他们的生存本能感知到危险。解离使他们能够生存下来，他们需要解离直到他们感觉足够安全、在安全的关系中得到支持和帮助并逐渐康复为止。一旦儿童处于稳定的环境中、身边有重要他人并在情绪上感到安全，他们就能够汲取足够的情感力量进入康复过程。复杂创伤确实非常复杂，因此康复过程需要由专注于康复并在处理复杂解离工作方面经验丰富的专业临床医生来指导。

在稳定和积极的关系中，儿童可以学习进行内心探索，包括学习感受自己不想感受的感觉（我们将在下一节中进行探讨）。随着安全感、稳定感和人际关系陆续建立起来，儿童可以开始学习自我意识这门艺术。当儿童学会反思、好奇，然后感觉到自己的感受而不是回避和否认时，就会形成自我意识。之后我们需要对创伤进行处理，以便他们能够进行整合，被埋藏或隔离的糟糕感受也不再潜伏在潜意识中导致问题行为和情绪反应。在第十章我会提到，学习感受是处理创伤前的一个阶段，但是这些阶段不是线性的！

我们应该尽可能地争取额外的支持，使家庭和学校成为儿童情感安全的场所。重要依恋对象应该与儿童一起参与一些愉快的活动，而且参与这些活动的时间要不断延长！

[荷丽的故事]

我曾经很确定，当他们对我这样做时我不在那里。那不是我的身体，那是她。我在一个完全不一样的地方，所以甚至没有疼痛，我真的不太记得了，因此当他们给我看照片时，我感到非常震惊。照片中的人看起来像我。

* * *

探索潜意识

探索我们的潜意识不是一件简单、容易的事。对任何人来说，真诚地开始好奇的旅程，开始探索我们自己的潜意识，都需要花费大量的情感能量。因此，对于遭受创伤且仍以生存模式生活的儿童而言，这是一项艰巨的任务。当儿童开始向内看时，他们需要支持、友善和尊重。我们需要认识到他们中的一些人已经对此产生了恐惧感。他们中的大多数人已经回避了很长时间，因为他们知道那里潜伏着疼痛、动荡和令人痛苦的小桶，他们不想靠近那些记忆或感觉。

作为成年人，使用比喻可以帮助儿童对自己的感受产生好奇心并探索自己的内心世界，因为充满情感和意义的视觉图片可以刺激双侧大脑，从而使人们对事物的感受有更深入的了解。

康复过程需要由训练有素的了解潜意识的专业人士（如心理治疗师或心理学家）带领。尽管一些研究证明短期的认知治疗是足够有效的，但我们知道并非如此。一些来访者曾经努力配合治疗师对复杂创伤进行无效的治疗并对此感到羞耻和困惑，通常我们会让他们尝试长程的创造性治疗。通常的情况是，由于人们不了解解离，儿童内心深处的潜意识没有被认可，虽然儿童在治疗期间有所改善，但是治疗结束后疗效不会持续。这使得许多遭受复杂创伤的儿童穿上了盔甲，他们看上去很坚强且充满防御，目的是保持生存并阻止人们离他们太近。或者他们会在医院度过数年时间，尝试一切方法来寻找希望。维兰德对此进行了精彩的总结，并提出我们的精神卫生系统需要发生巨大的转变。

当患者出现解离症状时，如果解离背后的创伤和创伤的影响没有得到处理，那么治疗就是不成功的。如果处理不当并无法解决，那么深层的创伤及其相关的情绪和感觉仍然会保持解离状态。

围绕儿童的团队

只有当儿童拥有一到两个重要依恋对象，而且重要依恋对象能获得额外的支持，可以与有胜任力的专业的创伤康复心理治疗师一起工作，完全康复才有可能实现。在理想情况下，应该有一个围绕儿童的完整团队，团队重视与儿童建立长期的依恋关系，但康复过程由心理治疗师指导。心理治疗师需要在帮助遭受严重创伤后出现解离障碍的儿童的整合和成长方面有丰富的经验，具有临床资质，并定期接受另一位经验丰富的创伤康复专业的督导师的临床督导。作为领导团队的专业人士需要有潜意识相关的受训背景，以使整个康复过程不会对儿童造成伤害。有证据表明，"社会支持是保护性的因素"，缺乏社会支持则会使问题加重。

无效的沟通方式

当儿童感觉昏昏欲睡、走神、进入另一种状态（如动物）或对最近明确发生的事情不记得了，却被认为是顽皮的时候，他们可能会更加紧张。儿童经常对正在发生的事情感到困惑，但是当成年人能够意识到儿童的行为是源于恐惧时，他们就可以致力于减轻儿童的恐惧，使儿童有充足的安全感最终去探究发生了什么。质问、训斥和羞辱只会加剧儿童消极的、防御的甚至非常戏剧化的行为。实际上，当成年人训斥或羞辱儿童的行为时，可能会导致儿童自残、自我厌恶或者愤怒和叛逆。同样重要的是，任何人都不要以任何方式阻止儿童的解离症状，否则他们从强烈的痛苦中逃脱的需要会变得更加内化、隐蔽得更深并且更具危害性。此外，重要的是，除非得到儿童本人的允许，否则我们绝对不能试图呼唤任何一种状态并与之交谈，因为这会对儿童的情感和心理边界产生威胁。

面部表情和语气

当我们与儿童建立依恋关系和情感联结时，关键是要记住，尽管言语很重要，但最重要的是我们的说话方式和面部表情。这就是为什么我们说话时喜欢看着对方，以及为什么我们更喜欢面对面地在一起而不是打电话，因为这样我们才能看到人们的感觉，"我们的内心会写在我们的脸上。我们的大脑会自动解释这些信息，而我们的身体会自动做出反应"。

一旦我们的面部表情和语气平静下来，我们就可以确保我们的表情、肢体语言、眼睛和耳朵也能很好地聆听。我们可以专注于共情，而不是解决问题或提供建议，后者可能会加剧儿童的沮丧。如果我们不认真倾听，任何儿童都会非常生气！

共情是一种能力，是穿上对方的鞋子试图感受他们可能的感受，然后反馈我们认为他们需要听我们说的内容，这有助于让他们知道我们在尝试了解他们的感受。我们要确保自己不是在怜悯或同情他们，那样会使我们与他们保持安全的距离，而且只会火上浇油。即使他们不愿面对自己的感受，我们也要始终确认他们的感受，我们很抱歉不了解使他们沮丧的事情。共情不是一件容易的事，事实上，这可能会令人筋疲力尽，因为我们不断地"将自己运送到黑暗的不舒适的地方"。这些是建立关系的工具，当儿童试图拒绝我们的时候，这些能帮助我们继续努力。他们经常尝试拒绝我们，这因为他们希望在自己感觉被拒绝时能拥有掌控感，就好像他们选择先拒绝了我们。他们常常会逼迫我们抛弃和放弃他们，他们希望如此，因为这好过被抛弃的冲击。斯蒂芬·伯吉斯（Stephen Porges）研究了声音（韵律）的音调、节奏和语调对神经系统的影响，发现声音在启用或破坏内部安全感方面具有非同寻常的力量。他说："如果你与一个人接触，对方的用语很简短，而且语调缺乏韵律变化，你的神经系统就会迅速对此做出反应，你的身体会想要远离对方，因为对方传递的信号是你现在不安全。"

倾听技巧

当我们确认儿童的情绪，而不是压制或消除它们时；当我们面对儿童的情绪波动能保持平静，而不是感到受伤并争论或对抗他们非理性反应时，我们就能与他们建立积极的情感联结，而这对他们的健康和康复至关重要。当儿童情绪爆发、感到敏感和暴怒时，他们无法思考、反思或处理信息，因此我们的第一反应应该是确认他们的情绪，帮助他们平静下来，减少他们对自己或他人的任何伤害，创造安全感。如果我们表现出挫败或漠不关心，那么儿童别无选择只能断开情感联结，因为他们感觉到了危险。维兰德认为，"与任何能缓解严重困扰的事情一样，当危险再次出现时，成功的解离（断开联结）过程也会重复。"

[迈克的故事]

　　他一直不理我，我也不知道为什么。他总是玩电脑游戏或看手机。我学习了真正的倾听技巧，因此当他说些奇怪的、无关紧要的小事时，我努力去倾听，并确保他知道我在听且对此感兴趣，即使这似乎与他说的话无关。之后的变化让我感到惊讶。他开始看着我，开始说的更多，然后慢慢会谈论一些似乎很重要的事情。

* * *

　　显然，我们需要为父母和照料者建立更多的团体，让他们能在困难时期相互支持。所有成年人都需要意识到，照顾一个行为多变、难以预测和容易情绪爆发的遭受创伤的儿童时，生活会是多么的孤立无助。

　　倾听是一项非常重要的技能，成年人在互相支持时可以通过倾听建立情感联结，与儿童在一起时通过倾听使儿童感到被尊重、被重视和被理解。倾听意味着花时间聆听并关心事情的经过，仅仅是被倾听就可以使人感到一种有价值感和被重视感，但更重要的是，我们的神经系统处于平静和稳定的状态，因为我们的面部表情温暖而真诚，声音的语调是柔和的而不是强势激进的。当儿童在我们身边时，我们的语调或表情变化可以完全改变他们的神经系统的状态。伯吉斯认为，"倾听很特别。倾听是整个社会参与系统的敲门砖。我们的神经系统时刻在告诉我们一些不同的东西。它说'重要的不是你说了什么，而是你怎么说的'。"

思考
● ● ● ● ● ● ● ● ● ● ● ●

1. 有解离障碍的儿童的康复过程包括哪些阶段？

2. 为了恢复健康，他们需要怎样的环境？

3. 为了使家庭和学校更加了解创伤，我可以进行或改进哪些关

   键的事情？

第十章

建立安全感

||||||||||||||||||||||||||||||||||||||||||||||||||||||||||||||||||||||

当儿童遭受创伤后，他们要么持续处于一种不稳定的生活状态，对自己的情绪、记忆和触发因素感到无能为力，对自己的行为感到羞耻，并且无法与他人建立友谊；要么不得不处理和理解这些强烈的情绪、身体感觉和人际关系问题。可悲的是，许多儿童没有得到第二种情况的机会，而是被贴上了行为不检点、注意力不集中或没用的标签。或许他们会在自己的现实世界中四处游荡，假装没事，回避冲突和压力。每个儿童都应该被给予机会寻求外界和内心的安全感，并且在成长过程中不必依赖防御性行为。当一个儿童经历了单一创伤事件，身边的成年人可以帮助他们理解创伤，向他们解释人类对恐惧的反应，并能给他们安慰和安抚时，这种强烈和令人恐惧的感觉就会消退。出于各种原因，如父母也曾遭受创伤或患病，或者父母无法提供身体陪

伴或情绪陪伴，或者父母是儿童恐惧感的根源，如果当儿童无法从温暖、一致、亲切的养育关系中寻求安全感时，那么他们将内化所有这些创伤经历，而这些经历将会溃烂并持续困扰着他们。

儿童需要依恋对象（父母、照料者和治疗师）经常花时间（持续很长时间）前后一致地、反复地向儿童表明他们是可以信任的。依恋对象需要有意识地花费时间与儿童建立情感联结，以便儿童可以开始探索自己的内在反应，而这种反应在潜意识深处已经困扰了他们一段时间。他们被困扰的时间越长，经历的恐怖和压倒性体验越多，他们就会感到越暴躁，进而对任何探索越恐惧。虽然他们无法思考、反思或完全理解自己，但至关重要的是需要他人帮助其建立安全感。内在安全感的建立需要更长的时间。下面让我们看一下什么是安全感，以及儿童如何评估他们所处的环境来寻求安全感。

什么是安全感

当儿童周围的成年人能够保持平静、友善和前后一致时，儿童的信任感会增加并感到安全。可预测的、一致的养育性的成年人，最终能够帮助遭受创伤的儿童修复大脑连接和接受关系，而不是因为害怕被遗弃和被拒绝而拒绝一切关系。安全感是一种躯体感觉和内在的情绪感觉，可以给人以希望。通常，儿童在安全的环境中不一定有安全感，因为神经系统要花很长时间才知道自己是安全的。对有解离症状的儿童，安全感首先意味着感觉到所有的状态是一个团队（通常称为"共同意识"），它们的共同目标是整合。弗朗西斯·S. 沃特斯（Frances S. Waters）认为，

> 当父母保持平静，并向儿童示范共情时（如与儿童共情，他们拥有很多部分自我，每部分的感觉、想法和意愿如此不同，这对他们来说是多么困难），儿童的防御性会降低，并且更有可能冷静下来。通过这种方式，当儿童情绪爆发时，父母可以成为有力的共同调节者，随着时间的流逝，儿童可能开始模仿父母平静的行为举止。

安全性评估

如果儿童感到不安全，他们将无法探索或思考。对于经历过复杂创伤的儿童来说，"安全感"是一个复杂的词语。他们通常不熟悉真正

的安全感，需要慢慢地探索有助于他们感到安全的因素。

儿童会不断评估自己是否安全及任何可能的危险。伯吉斯使用"神经感知"一词来说明我们的神经系统是如何评估安全性和危险性的。这是一个自动的、原始的、本能的过程，在此过程中，我们的神经系统会评估周围是安全的还是危险的，然后对评估结果做出本能的反应。例如，如果我们之前经历过房屋着火，然后有一天我们准备去朋友家参加篝火之夜，我们会想象篝火，但是当我们到达时，闻到了着火的味道，尽管我们的理性思维知道房子里的火是篝火，但我们的神经感知会提醒我们这里不安全、快从房子跑出去。或者如果贝基到朋友家去，大家开始做热巧克力，贝基可能会突然说她要回家，假装自己的功课还没做完。贝基突然感到惊慌并觉得自己必须跑开是因为她的潜意识记得她在被虐待之前总是被给予一杯热巧克力。尽管在朋友邀请她做热巧克力时，她并没有把这些联系起来，但她的身体知道并想逃跑。触发的线索可能非常微小，如皱眉、气味或任何感觉，这些都可以提醒我们的神经系统现在不安全。儿童在向父母或抚养者承认错误前，会观察他们的脸色和身体姿势，"感觉"时机是否合适，并判断目前是否是承认错误的最佳时机。不幸的是，由于我们的生活经历，或者我们一直忙碌或焦虑，一些成年人的神经系统可能已经不堪重负，所以当我们用成年人的口吻对儿童说"你可以随时和我谈任何事情"

时，讲话的氛围或我们的神经系统似乎与此矛盾，因此儿童不认为他们可以告诉我们重要的事情。所以重要的是，我们要觉察自己的神经系统，关注自己的幸福感，缓解自己的焦虑，以便我们作为成年人能给儿童提供平静、稳定和安全的照料。

[安迪的故事]

我无法告诉父母有关强奸的事，因为我知道这将是他们的最后一根稻草，情况只会变得更糟。

* * *

迷走神经是人体脑神经系统中最长的神经。迷走是拉丁语，原意是游走，这种描述非常准确，因为迷走神经起自颅内，蜿蜒下行通过腹部，有许多分支神经连接身体的主要器官，如胃肠、心脏、肺、咽喉和面部肌肉。来自大脑的迷走神经负责控制副交感神经系统，伯吉斯的多迷走神经理论可以帮助我们了解迷走神经对创伤经历的反应。

伯吉斯的多迷走神经理论提出，我们的生理神经系统会呈现三种状态，就像交通信号灯一样，我们一直在不同的状态之间转换。有时我们处于轻松的社交状态，其被称为"社交参与状态"，就像绿色的交通信号灯。如果我们感到紧张或受到威胁，我们的交感神经系统会立即被激活，这会提醒我们的身体对危险做出反应。这是原始的应激反应，我们会感觉受到了威胁，我们的反应可能是战斗、逃跑或僵住，这就像黄色的警告交通信号灯一样。第三种状态被称为"背迷走神经状态"，我们会感到非常恐惧，觉得生命受到了威胁，因此我们的反应是隔离或解离。正是神经感知使我们从一种状态或颜色转换到另一种状态或颜色，这取决于我们在环境中注意到的情况是使我们感到平静和安全还是惊慌和恐惧。短时间进入交感神经状态并不是一件坏事，因为如果我们感到紧张或焦虑，这可以给我们额外的精力和自信，但我们不想一直如此。我们会盼望身边的人通过他们的面部表情、语气和语调帮助我们感到安全，进而我们能够进入安全的社会参与状态。人与人之间的联结能够使儿童感到安全并促进他们康复。

复杂创伤和神经感知

令人遗憾的是，所有人的神经感知都会出错，尤其在经历了复杂创伤之后。神经系统会不断评估安全性或危险性，并做出相应的反应。对于遭受创伤的儿童，有太多的事情会提醒他们的身体或潜意识，他们的需求尚未得到满足及过去的创伤经历；他们几乎一直处于防御状态，随时保护自己免受下一个危险的伤害。当儿童评估没有风险后，他们开始编造故事证明其评估是合理的；或者当他们无法信任其他人时，他们会戴着面具处于防御状态，拒绝建立情感联结。这可能会令儿童困惑，因为他们的潜意识可能会基于一个不再相关的小因素来检测危险，但是他们在认知层面没有意识到这一点。

当儿童有了一个"足够好"（永远不存在完美的和没有任何压力的）的安全环境时，就可以接受心理治疗师的专业帮助一起处理复杂的潜意识，其中所有感官的隐性创伤记忆通常被隔离并存储在单独的解离内部空间中。如果专业人士不能完全理解解离系统（通常是如此），那么只有一部分会得到治疗，而其他部分会继续存储创伤记忆、情感和痛苦；因此，尽管儿童在治疗期间表现出积极的征兆，但仍有可能未完全康复。

重要的是我们要记住，对一个人来说舒适安全的事物可能会使另一个人感到恐惧，如看到某人微笑、大笑、哭泣或皱眉。这意味着，作为照料者，我们需要注意儿童对事物的微妙反应，帮助他们确定让他们感到不安全的因素。然后，他们可能会对此感到好奇，从负责存储未处理的感觉记忆的内隐型右脑转换到负责疑问、反思和语言描述相关经历的左脑。为了帮助他们，我们需要注意儿童的面部表情、呼吸的变化和其他反应。

学校和家庭如何带给儿童安全感

创建情绪安全的场所至关重要。4～16岁的儿童的平均在校时间约为15 000小时，因此，创建情绪安全的学校至关重要。总之，在了解创伤的学校里，人们能够认识到行为表现也是一种沟通，受到惊吓的儿童会情绪不稳定、可能无法专注学习、打扰他人学习、自我封闭或者抑郁加重。众所周知，我们都是复杂的人类，我们依赖人际关系。以下是一些健康的家庭、学校或社区的表现，学校和家庭可以试着努力做到这些。

- 对待情绪应该尊重、澄清和确认，而非保持沉默。有情绪被认为是正常的。当儿童对感觉或表达情绪的恐惧减少时，情绪的威力就会减弱。
- 儿童需要我们的养育和照料，并使其成为可预测的、可重复的，从而使儿童形成新的能够容忍并享受亲密关系的神经通路。
- 在儿童的基本需求得到满足且确定会被持续满足之前，他们无法学习、安心、专注、游戏或放松。他们是否感到饥饿、疲乏或需要安慰？

- 斥责和羞辱没有任何帮助，只会导致由恐惧驱动的消极行为升级。任何由于成年人情绪不稳定导致的恐惧行为都应该由成年人承担责任，不能责怪儿童。

- 所有成年人都需要意识到，我们是通过面部表情、语气、身体姿势、言语和动作来养育儿童的。我们必须保持前后一致，保持可预测性，如果感到疼痛等不适要"大声地说出来"以表明这并非个人独有的。

- 儿童的生理年龄和情感年龄并不总是相称，我们要根据他们当下呈现出的状态提供适当的帮助。

- 我们要认识到，行为是一种沟通方式，我们据此发现儿童的需求，并在他们平静时帮助他们反映和表达这些需求。

- 我们知道，情绪的共同调节要先于自我调节，因此，作为成年人，我们有责任提供始终如一的、善解人意的、养育性的、细心的共同调节，直到儿童可以自我调节情绪为止。我们都应致力于学习这些策略。

- 作为成年人，我们将一直保持成年人的角色，为儿童提供积极的、明确的、牢固的界限，使他们感到安全，而不必当保护者或供给者。

- 作为成年人，我们对自己说出的话要谨慎，并反思它们的影响。我们可以使用诸如"我想知道是否"之类的短语，让儿童有自己的想法并不再感到无能为力。我们有意识地运用语言来养育和鼓励儿童。

- 在我们共同前进的过程中，庆祝每一个微小的成功，欣赏每一个变化和进步。

- 作为成年人，我们要照料自己，照料彼此，互相予以倾听、共情和友善。当我们与遭受创伤的儿童一起工作时，我们对自己和其他成年人的小小善举可以疗愈我们并给予我们力量。

伯吉斯解释说，为了创造一个情绪安全的环境，我们不能将身体和大脑分开。我们的神经系统会影响其他人的神经系统，因为我们天生会互相反应并彼此需要。

> 神经系统不仅是独立于身体的大脑，而且是大脑 - 身体神经系统。人际神经生物学的未来在于理解我们的神经系统遍布全身，并在功能上响应与他人的互动。

学校需要改变其行为管理策略，要以人际关系为中心，让人们认识到创伤的影响及儿童对共同调节和养育关系的需要。

着陆技术

着陆技术已开始得到广泛的认可，它适用于每一个人，在儿童感到焦虑、害怕或即将情绪爆发时可以运用这一技术。

着陆技术的要点包括以下几项。

- 友好、平静地与儿童说话，并提醒他们深呼吸。

- 如果他们出现闪回或解离发作，请提醒他们是谁、他们在哪里，现在他们已经安全了。

- 继续帮助他们深呼吸，尽可能找到他们的安抚工具（如毛绒玩具、好闻的东西、平静的音乐、毯子、镇静和安抚锦囊盒以提示儿童应该怎么做）。

- 可以帮助他们寻找五种绿色的东西、想到五个有趣的名字、想到五个足球运动员等任何能让他们的前额叶皮层重新"上线"的方法。

- 最好一直陪伴他们，直到他们感觉安全和平静；或者在他们使用安抚工具时，一直留意他们。检查他们的状态，直到他们重新平稳地参与活动。

- 帮助他们建造一个安全空间，里面摆放着柔软的玩具，如解压玩具、能藏进去的毯子等。当他们在其他地方需要感到安全时，他们可以想象这个空间，回忆这里的气味、感受和感觉。

[麦琪的故事]

我喜欢这里，因为我感到安全。我知道，我可以说出我的想法，没有人会评判我或责备我，所以我感到很安全，可以确定我的感受。

* * *

思考

· · · · · · · · · · · · ·

1. 什么会让你感到安全？

2. 你会有意采取什么措施以帮助你照料的儿童感到安全？

3. 当你无法处理强烈的感觉时，你会怎么办？你是否记得抽出时间来处理它们，还是将它们推入潜意识，然后发现自己内心动荡不安？

第十一章

学习重新感受

遭受创伤的儿童身边的成年人需要能够自我调节情绪。当儿童从一种状态切换到另一种状态或易怒、生气、好斗和多变时，这对家长来说是很困难的。这就是为什么成年人需要组成团队共同帮助儿童。成年人需要帮助儿童共同调节情绪，这会使他们最终学会自我调节。有时处在痛苦旅程中的家庭，可能需要外部专业人士来提供希望和支持。《儿童心理之谜：依恋，如何给孩子一生的安全感》中详细介绍了共同调节，核心内容总结如下。

共同调节要求，在儿童有情绪反应的同时，成年人要予以情绪支持、陪伴、友善、温暖和共情。在这些压力时刻，成年人能够调和儿童的失控状态，为儿童的混乱注入平静和力量，用耐心和信心促进情绪和行为的降级。如果成年人经常花时间和儿童在一起，有意通过玩耍、欢笑和谈话建立情感联结，那么当儿童情绪崩溃时，成年人就会更容易使之降级。

在康复过程中，儿童不仅需要快速从人际关系中获得安全感和抚慰，而且还需要感官的帮助，如强烈的舒缓气味、泰迪熊、毯子和被窝、安全的空间和音乐。安抚工具适用于所有不同状态，如果不经常使用安抚工具，那么创伤的处理几乎是不可能的。儿童可能需要花一些时间去探索自己的安抚工具，这非常重要，因为当他们之后面对巨大的悲伤和害怕时，他们可以让自己感到安全。

校园正念

当前有一种趋势是在学校里练习正念，对于经历了复杂创伤或受困于解离症状的儿童来说，这可能完全无济于事。但是，在为了应对整个社会面临的精神健康问题而鼓励全班或一组儿童参加正念时，人们并没有认识到，对于所有经历过 II 型或 III 型创伤的儿童来说，这项任务是不可能完成的。遭受过最可怕创伤的幸存者无法迅速"感觉"

或"反映"他们的呼吸或身体感觉，因为它们都包含着恐惧和无能为力的记忆。

对于许多遭受创伤的成年人来说，简单的呼吸练习可能会引发他们的痛苦，因为他们体验过呼吸困难和濒死感。这些经历存储在潜意识中，因此，成年人或儿童可能无法记住具体的事件，但是一旦被要求完成练习任务，他们的身体就会做出反应，并立即出现惊恐发作。在小学或中学校园的教室里，当其他儿童都在愉悦地反思自己的内部状态时，有解离症状的儿童可能会完全自我封闭或进入一种类似出神的状态，这种状态不利于他们的健康，同时也表明了他们感到害怕。他们会逃跑、争斗、被激怒，或者嘲笑、嘻嘻哈哈，或者通过其他任何方式分散他人的注意力和淡化自己突然出现的强烈感受。在中学里，青少年很可能会发誓要离开教室，他们看起来好像不想服从安排，但实际上他们是感到恐惧。他们或许会服从，但之后会感受到强烈的无助感和恐惧感。因此对于这些遭遇过最糟糕的人生经历的群体，如果我们希望学校成为他们的安全之所，那么就必须从复杂创伤和解离患者的角度向学校提议心理健康干预措施。伯吉斯解释说，正念"要求不评判，但个体处于防御状态时评判对其安全是至关重要的，二者无法相容"。

重新感受

许多儿童不得不压抑自己的感受直到他们不能觉察自己的感受，这些感受被压抑到潜意识中。除非儿童早年的重要依恋对象教过他们用语言表达对不同经历的感受和反应，否则他们不太可能知道究竟要如何处理这些内心深处剧烈涌动的暗流。在早年性格形成期，如果他们未能熟悉正常的消极情绪体验，通常现在他们会更敏感地觉察到内心深处涌动的暗流并对此感到恐惧。他们可能不熟悉积极的情绪并认为它们是一种威胁和挑衅。他们也可能认为感觉、图像闪回和身体反应是自己被触发后的爆发性反应，他们对此感到失控和恐惧，因此他们可能害怕去感受并害怕之后发生的事情。

[**杰克的故事**]

做感受练习时，我发现自己需要做一些愚蠢的事情。所以我用手砍或敲自己的脑袋，从垫子上跳了下来，这样我才能

感到自己还活着，否则我觉得太空虚了，我担心我已经死了，
我担心这是一场我无法醒来的梦境。

* * *

内感受是个体学习反思自己的身体和身体感觉的过程。有一些研究表明，内感受过程可能会改善疾病和治疗模型。其他研究探索了内感受和进食障碍、慢性疼痛及躯体形式障碍（一种精神障碍，表现为与患病或受伤类似的躯体症状）之间的关系。如果缺乏内感受成为个体一种重复使用的应对机制，使自己感觉不到或听不到自己的身体，那么可能会导致人格解体。人格解体是一种解离症状，儿童在遭受创伤时不得不关闭其感觉功能，之后每次感到不适时他们就会继续使用这种潜意识策略。这可能导致儿童以极端的方式伤害自己，但我们需要了解这是有原因的，他们感受不到程度较轻的疼痛，因而他们无法及时阻止情况变得更糟。例如，由于经历过创伤，山姆无法感受到身体不适或情绪痛苦；虽然他很高兴现在没有霸凌导致的疼痛了，但他11岁了还穿着纸尿裤。他还没有学会何时需要上厕所。和我一起工作的另一个儿童，在和父亲一起做饭时，被烧烤炉烧伤了腹部，直到烧伤面积扩大并变得很严重他才感觉到，因为这是帮助新爸爸的特殊时

间而他太专注了。这些儿童需要学会"与身体联结"，感受活着本身的感觉，忘记身体的恐惧记忆。这种情况不会一夜之间就发生，这一过程需要由儿童来主导，因为通常他们会本能地知道自己可以承受的程度。有时，儿童可以和自己的身体部位对话，感谢它们的无感，但是请它们现在尝试着去感受。维兰德解释说，可能需要重新训练儿童的大脑（或者在解离障碍的早期训练）去感知身体、情绪和认知反应。可能需要教儿童认识自己的身体和身体反应，并将它们视为自己的，因为他们可能感觉非常陌生。他们会觉得自己好像是外星人，不属于这个世界。

从简单的感觉开始

帮助儿童探索他们对简单日常事物的反应，如巧克力的味道或踩踏松脆叶子的感觉，从而帮儿童对这些新的体验有更强烈和更熟悉的感受，这些非常重要。这些非威胁性的体验可以帮助儿童形成熟悉感，发展他们的好奇心，然后探索对这些体验的任何情感或言语反应。其他非威胁性的感官体验也可能会有所帮助，但是对此我们需要保持理性，因为一些感官活动可能会触发有特定创伤背景的儿童。西伯格解释说，对于我们所帮助的遭受创伤的儿童，这种学习非常重要。

接受陌生的、厌恶的、烦躁的或恐惧的感觉、记忆、想法或自我感觉，这个过程可能很困难，但如果患有解离障碍的儿童想要发展对自己行为的中心意识和控制感，这是必不可少的。

　　因此，康复过程的一部分就是学习增强内感受的能力，关注我们的身体内部发生了什么。西格尔使用"心智直观"一词描述我们教导儿童的过程。思维放缓，注意到这些想法；对悲伤或痛苦感到好奇，而不是对它们感到恐惧；与感受相处，而不是压抑或者逃离它们。儿童越能注意到解离反应，它们就越不可能作为自动化反应出现。在进行内感受时，我们的注意力转向内部，根据伯吉斯的说法，它可以被认为是我们的"第六感"。我们需要温和而缓慢地帮助儿童培养勇气，好奇自己身体的感觉，学会看到和确认自己的内心世界；为了做到这一点，他们需要提前学习平静下来的方法，与恐惧和惊恐相处且不表现出解离的方法。

　　我们需要帮助儿童慢慢地重新感觉，因为由于身体的经历，他们对自己的身体感到非常不安。他们通常非常谨慎地拼尽全力，回避隐藏在潜意识和身体里的记忆和闪回。巴塞尔·范德考克（Bessel van der Kolk）解释说：

　　　　遭受创伤者对自己的身体感觉会长期感到不安，因为遭受创伤的经历以内在不适的形式存在。他们的身体经常遭受内在不适的轰炸，为了控制这些过程，通常他们会成为忽视肠胃感觉和麻木内在感觉的"专家"。他们学会了隐藏自己。

整合与加强自我感觉

当儿童经历了复杂创伤并出现了解离症状后，他们在面对强烈的情感时会不知所措，并渴望与其他儿童一样生活，但他们中的许多人还无法做到像其他儿童一样享受生活。儿童一般通过问以下问题来发展自我意识："我是谁""我擅长什么""谁爱我"及"谁认识我"。可悲的是，复杂创伤会阻止这种自然的发展过程，因为全神贯注于生存已经令儿童筋疲力尽。当他们因为别人对自己不好、内心感到愤怒并出现"我是一个坏人吗"之类的想法时，发展自信和内在力量及康复似乎遥不可及。我相信康复是有可能的，但我也相信这是一项艰苦的工作，现在我们需要对更多的心理治疗师进行培训，让他们理解这一主题并有能力为陷入极度不安和极端行为困境的家庭提供帮助和指导。

我希望这本书能增强大家帮助处于动荡中的家庭的意愿，并培养合格的学习者和希望承担者，以向所有需要的人提供承诺和长期帮助。继发性创伤的问题很严峻，许多成年人在尝试成为遭受创伤儿童的关键依恋对象时遭受了继发性创伤，而且我们发现专业人士普遍都精疲力竭，因此他们无法充分满足我们的需求。但是我仍然认为康复是可以实现的，同时也要承认我们只能尽力而为。

处理创伤

康复过程的一个关键步骤是处理创伤。当然，处理创伤之前必须满足以下条件：儿童在成年人的帮助下找到了某种稳定感；他们能够体验稳定的关系，从中感受到安全感；他们已经学会了一些自我调节和自我安抚的方法，与一两个关键的依恋对象经历了情绪共同调节；他们已经开始学习感受日常的感觉和情绪；他们开始对自己感到好奇。这样他们才会有足够的安全感允许记忆浮现。如果尚未完成这些重要步骤，就让创伤记忆浮现，那么很可能会造成彻底的混乱，但同时进行所有康复步骤也并非不可能。

处理创伤需要心理治疗师的帮助，治疗师知道如何小心地引导儿童，会确保不会进展太快，并且会始终评估儿童的安全感。伴随记忆的情感可能非常强烈，令儿童和周围的每个人都会感到不知所措，因此重要的是必须建立恰当的关系、安全感和稳定感，并在此基础上小心工作。

拼图

如果儿童处于严重的解离状态，并且对每一种自我状态有所了解，那么处理创伤的过程将像玩拼图游戏一样，随着时间的流逝，整个画面会慢慢地浮现。每个新的拼图卡片的出现都会带来强烈的情感和激烈的冲突，而成年人就像是恐怖风暴中的锚点。每个新的拼图卡片都是有价值的，呈现出的每个自我状态或部分都是有价值的和受欢迎的，因为它们是容纳卡片的容器，而这些卡片构成了整体。由于不同的状态保留了很多恐怖的记忆，儿童有时会拼命地破坏它们，但是治疗师和主要依恋对象需要热烈地欢迎它们，因为它们是勇敢的幸存者而且是整体的一部分。

弗朗西斯·S. 沃尔特斯（Frances S.Waters）描述了随着更多的记忆浮现出来，儿童和成年人会经历的内在冲突。

自我状态之间无法穿透的边界，类似于一个房子里有很多房间，但房间之间没有门或窗。消除边界可能会花费一些时间，但是如果儿童了解所有组成部分并"拥有它们"，即儿童了解不同的自我状态的内容，那么他们离创伤康复就又近了一步。

儿童的目标是使不同自我状态、小桶相互尊重、团结协作，直到最终其中的大部分状态或小桶不再被需要。维兰德写道："有时在治疗开始时，儿童的状态转换会增加，因为他们对内在痛苦和记忆或解离的觉察在增加。"在这段时间内，治疗师有时需要创建外部的小桶或容器（如鞋盒）来存储图画、文字或艺术形式的记忆，以便这些部分能够处理创伤并失去功能，最终不被需要。

不同部分的整合

治疗的目的是使儿童发展出更强的自我意识，成为整合的完整自我，能够克服压力，而无须继续使用旧的应对方法（如解离）。每种状态的功能包括存储记忆、年龄、情绪、动物状态或充当保护者，当儿童能够拥有自己的记忆、有成年人保护他们、能够自我保护、能够完整地叙述自己的生活、能用语言表达不同的主题和自己的感受时，这些状态就不再被需要了，整合就会发生。在整合之前，他们记忆中的故事里充满了那些导致侵入性画面和恐惧感的强烈情感和难以忍受的经历，而不是有序的、有意义的叙述。

一旦儿童能够更好地整合，他们就不再那么容易被视觉、声音和感觉信息刺激，他们能够意识到自己的敏感，并且针对被唤起的记忆或悲伤也能够自我调节并表达适当的情绪。他们曾经要么出于攻击性和愤怒，要么因为内心动荡不安，在生活中的行为一直多变，他们一会儿能干、一会儿无能，一会儿悲伤沮丧、一会儿快乐，但现在这些不再使他们产生无力感和恐惧感。相反，这些属于一个完整的个体，他拥有不同的情绪，但能够记住并认可每天的情绪起伏。他可以学会欣赏解离是一种礼物使他能够应对可怕的经历，正如阿丽尔·施瓦兹所说，解离成为"一种在正常生活的自我部分和存储创伤经历（他们宁愿没有这些创伤经历）的自我部分之间的长期的功能不良的分裂"。整合后，他们宁愿选择真实。

我将分裂的自我比作儿童手中的风车，你可能会把它插到土里或沙丘顶部。它会不停地转，就像有解离障碍的儿童不断地转变和波动，但是如果风车的核心部分变大，叶片越来越小，风车转动的速度会越来越慢，风车会更牢固地插在地上。为了建立儿童的核心部分，我们帮助他们处理创伤记忆，并通过帮助他们发展技能、人际关系和体验幸福感来建立核心自我。

掌控感和认同感

儿童需要能够把握自己的历史，不是把自己当作受害者，而是以理解自己经历的方式从勇敢和生存的角度讲述自己的故事。这有助于儿童形成强烈的自我意识，使他们熟悉自己的历史并对未来抱有希望。然后他们能够乐于发现和探索自己的技能和才能，并乐于完成自己设定的任务。他们可以从无力感转变为具有掌控感，他们的自尊心也会得以建立。儿童在经历了治疗并且能够对内感受和自我反思不再感到恐惧之后，会比其他许多儿童拥有更多的自我意识，而且可以更快地识别自己的内在状态。之后他们可以接受我们询问为什么他们做出某种反应，只要我们以温暖、温和、好奇的方式提问就可以，因为儿童自己可能也渴望知道为什么。随着儿童变得成熟和平静，他们也会熟悉自我觉察的过程，尊重和欣赏思维、身体和自我运作的方式。

注意乖巧的儿童

乖巧是创伤最令人沮丧的症状之一，尤其是复杂创伤，因为儿童过分专注于避免被拒绝和表现"好"，只要觉得有必要他们就会尽可能地压抑自己的消极情绪以维护自己的形象。对班集体或忙碌的人们来说，儿童表现得乖巧、十分受欢迎且有价值。但儿童内心的恐惧是被拒绝的、不受欢迎的或没有归属的。我经常说，一个快乐的、全面发展的儿童是眼里有光的、有点鲁莽的，而且可以享受和周围人的关系，但不是通过费尽全力做到最佳来获得接纳。

我听说过一个我亲戚的故事，数年前13岁的他参加入学面试，被问到是否曾经调皮过。他严厉的父母也在房间里，他大声回答当然没有。校长表示，"一直表现良好是不正常的，我期望你有一些调皮的行为。"他很震惊，无法理解除了完美还有别的标准。成年后他患上了抑郁症且持续了多年。儿童注定充满活力，他们想要玩乐和游戏，并且对一切都感到好奇。青少年注定情绪敏感和多变，他们有时像成年人，有时幼稚黏人，有时又恢复成熟，反复变化，直到他们真正成熟。我们只有了解了儿童的发展阶段，才能对儿童的行为和情绪抱有实际的期待！当儿童一直都表现很"好"时，成年人应该反思为什么儿童似乎感到不安全。西伯格引用了一个儿童对乖巧的痛苦的解释。

"我的脸在微笑，但我的内心在哭泣。"通过丰富多彩的语言，她捕捉到了解离的感觉，而解离是困境中所固有的。她希望取悦父亲和监管机构，因此总是合时宜地微笑，但同时感到愤怒和混乱，"她的内心在哭泣"。

思考

1. 对于经历过复杂创伤的儿童来说，为什么他们会对自己的身体感觉和感受感到恐惧？

2. 我们可以做哪些活动与儿童共同调节其情绪？

3. 在整合过程中，开始工作的关键基础是安全感和舒适感。什么可以帮助你正在照料的儿童感到安全和舒适？

4. 之前你是否发现过乖巧的儿童？你担心他吗？

第十二章

帮助儿童从复杂创伤中康复

在本书第六章中提到的白皮书中列出了复杂创伤会影响个体的七个领域及复杂创伤干预的六个组成要素。在第二部分中我们对这六个要素也进行了探讨，不过用语略有不同。这六个要素为：建立安全感，自我调节，自我反思式信息处理，整合创伤经历，建立人际关系，促进积极的情感。我很高兴看到大家在需要探索和关注的领域方面是一致的。

合作

我们需要认识到，成年人与创伤儿童一起工作时建立联结是很困难的，其中最重要的是互相信任和尊重，这使我们能够倾听儿童并在制订干预计划时将儿童的利益放在首位。通常与有解离障碍的儿童一起工作时，在讨论和制订计划访谈后，成年人也可能出现解离症状和分裂感。与遭受创伤儿童在一起时，成年人需要一直保持镇定和友善，努力建立信任感，并强调我们对其健康和未来抱有共同的愿景。普特南解释了我们的观点对儿童来说有多重要。

> 再重要的干预措施也只是帮助人们了解儿童的力量、问题、病理机制和潜能。如果儿童被视为是毫无希望的、严重受损的，或者由于遗传和家庭的原因被认为是有些缺陷的，那么儿童的代偿性动机几乎得不到识别或支持。

自我照料

如前所述，我们要认识到照料和爱护遭受严重创伤的儿童存在很多挑战，除非他们一直都很乖巧（但正如我在前文中所述，这可能也是一个严重的问题）。自我照料是至关重要的，当你没有处在波动之中时，可以花时间回忆自己的过往和现在，不过这只是最低要求。你需要"结识"朋友和加入社群，他们理解儿童的情绪反应不是本性顽劣或父母无能，而是一种求助的呼唤。你尝试与其他成年人一起享受一些兴趣爱好，让自己感觉正常并放松呼吸。你要学会识别自己的羞耻感和内在自我批评（如反复告诉自己"我是一个失败者"），花时间与真诚欣赏你的人在一起。可悲的是，儿童会一直评估他们是否可以信任你，反复检查"自己的父母是否足够强大到可以承受创伤带来的强烈情绪和悲伤"。

作为父母或照料者，如果你自己有复杂创伤或解离的个人史，那么你可以做得最有用的事情之一就是花一些时间让自己得到治疗。这也将帮助你成为你所能做到的最好的父母。

如果你是一个筋疲力尽的专业人士，那么你的周围一定要有同事能提醒你做好自我照料是非常重要的，在帮助别人之前先戴好自己的"氧气罩"，这样你才有可能长期帮助他人。职业耗竭太普遍了，我们必须保持明智，我们可以通过改变每一个来访者来改变世界，但我们无法独自改变整个世界。

情感陪伴

有证据表明，儿童会由于以下原因出现解离障碍：遭受性虐待，烧伤，被剥削；遭受严重的霸凌；重大医疗干预；被忽视，或者当父母无法提供情感陪伴和满足儿童的需求时的被抛弃感。

幸存的儿童会创建不同的状态来保存不同的记忆、情绪或年龄，并且这些状态会不停地切换，以确保呈现出的状态是当时环境中最需要的状态。

例如，儿童在学校主要表现为学习成绩优异的状态（可能是儿童的表观正常状态或功能良好部分），直到被人嘲笑，然后好斗的状态可能会占主导地位，他们会为了保护自己而打架。如果打架被叫停，儿童可能切换到婴儿状态，他们吸吮拇指并忘记了打架的经过，但却一直哭泣并需要安抚。当在安全的角落盖着毛毯的婴儿状态持续一段时间后，儿童可能突然在全班同学面前表现出不当性相关行为，被立即叫停后，再次变为好斗的状态。对于那些不了解解离分裂理论的人来说，这可能十分令人头疼，因为成年人不知道接下来会发生什么，面对不断变化的行为、情绪表现以及对重大事件的遗忘，他们会感到无能为力。

值得一提的是，虽然据报道许多遭受虐待的幸存者都经历了严重的解离，但我认为情感忽视是最容易被忽视的一个原因，儿童因为遭受了情感忽视才学会以几种不同的身份帮助自己拥有被接纳感和归属感。在我们看来，他们有时好像隐藏了什么，或者看起来有些假，但大部分时间他们都很可爱。在他们的内心深处，深深地埋藏着曾经遭受过的情感疏忽、极端误解、孤独和被抛弃的历史，他们戴上"游戏面具"来掩盖内心的痛苦和动荡。通常，与其他人的经历相比，他们的生活中缺乏创伤故事，这使他们对自己的内心动荡感觉更为虚假。

这可能导致他们对自己内心隔离和动荡的程度感到更加羞耻、更希望将其隐藏起来，因此可能出现用保护性盔甲、麻木和解离症状来阻止自己无法承受的强烈的情绪波动，但可悲的是这也导致了当他们发现自己的创伤症状更像是来自可怕的被虐待经历时，他们会更加感到空虚和困惑。这些是他们早年情感孤独和缺乏情感联结的无声痛苦。尽管缺乏人际关系造成了创伤，但人际关系也推动了康复过程，因为儿童学会了与引导他们走向康复的成年人建立情感联结和信任。

从创伤中康复的儿童会感到哀伤，这是康复过程中不可避免的一部分。一旦曾经被压抑到意识之外的记忆和感觉被觉察和容忍，哀伤就出现了。他们感到被剥削，感到生气和失望，感到创伤经历改变了一切，有些事情再也不会一样了，而哀伤是处理这些感受的一部分。因此，就像可以从最喜欢的祖父母或宠物的丧失中恢复过来一样，人们也可以从充满悲伤和孤独、恐惧和痛苦的童年时代的悲伤中恢复过来，条件是他们能够感受到感觉，并且否认不再是其主要的应对机制。

康复、整合、自我调节和内在安全感不会很快实现。在如今这个快节奏的社会中，成千上万的人沉迷于计算机和手机，通常他们将关系视为生活的第二要务，在这种社会中我们常常忘记有些事情需要时间。

施瓦兹提醒我们，每个时刻的重要性都远远超过我们的想象："每一个充满同情的关怀时刻可能都是'看不见'的；但是，这些有意义的时刻是重塑健康自我意识的基础。"请记住，正是旅程中一些重要的小事使我们有力量享受一些重要的时光和忍受艰难的时光。

帮助儿童从复杂创伤中康复的要点

- 稳定化，促进儿童的家人、家庭和学校的情绪安全。
- 帮助父母和照料者得到专业人士的支持和引导。
- 帮助寻找儿童可以和重要他人一起做的共同调节情绪的活动，以促进依恋、情绪安全和情绪降级。
- 帮助儿童找到安抚的方法、物品和感官活动以增加其安全感。
- 寻找一个可以使儿童的内部系统稳定、能评估儿童的内部系统并绘制内部系统图，然后帮助儿童处理潜意识和身体创伤的治疗师。
- 确保全家人都能了解人在恐惧时大脑的工作方式，以减少与病耻感相关的行为。
- 在学校，确保至少有一位老师或成年人在儿童感到害怕时可以提供帮助，可以理解复杂创伤和解离从而能够以同理心和养育性的方式做出回应。

- 治疗师可以帮助儿童及其家庭构建一个完整的涵盖不良经历和收获的生活叙事。

从不同严重程度的创伤中康复

I 型创伤

儿童需要一个能提供以下专业治疗关系的成年人。

- 共同调节情绪。
- 治疗关系可以预测。
- 滋养性的并充满情感。
- 有一个平静的神经系统。
- 能够倾听和确认儿童的情绪。

II 型创伤

带领儿童心理创伤康复过程的成年人需要具备以下条件。

- 一位心理咨询师或心理治疗师，能够使用创造性疗法，能够提供 I 型创伤中的专业治疗关系，同时由于有相应受训背景而具备更多的技能。

- 能够定期提供空间来探索潜意识。
- 能够用外化而不是内化的方法涵容重要经历。

III 型创伤（复杂创伤）

儿童需要上述 I 型和 II 型创伤所需的所有干预，并且还需要以下条件。

- 一位经验丰富的专业的创伤康复心理治疗师（不是"普通的"咨询师或心理治疗师，而是另外接受过复杂创伤培训的人员），治疗目标是整合分裂的记忆及潜意识和身体中的残留记忆。
- 长程的治疗承诺（可能超过 2 年）。
- 儿童身边的其他关系能支持康复过程并创造乐趣来缓解康复过程中的压力。
- 最好为父母和照料者提供支持。
- 治疗师需要定期使用临床评估记录病情进展和康复进程，并接受来自经验丰富的专业的创伤康复执业医生的临床督导。

当持续的痛苦和动荡难以忍受时，我们可以运用想象力尝试描绘儿童的痛苦能够减轻且能够自我调节的画面。这可以给我们带来希望，并帮助我们继续前进。西伯格甚至提议，我们可以让儿童想象与未来的自己对话，"也许是未来五到十年内的自己"。

这样的努力是值得的，对于正走在这条充满艰难险阻的道路上的人们，你讲述的康复故事可以为他们带来希望。所有帮助儿童的成年人，你们做得很好！所有坚强勇敢的儿童，你们也很棒！如果你觉得找不到合适的专业团队，对此我感到很抱歉。我所介绍的是所有经历过可怕的复杂创伤的儿童应该得到怎样的帮助，为此我们需要一起努力。

附录
危机计划模板

在儿童感觉平静时，可以和他们一起制订一个危机计划，以便在他们情绪低落、发生危机或有自杀念头时做好准备。

我现在该怎么做才能分散我的注意力或者安慰自己？

_____

_____

_____

_____

我该怎么做才能专注于积极或有趣的事情？

_____

_____

_____

_____

有什么东西能让我感觉更安全吗？

_____

_____

_____

_____

我可以联系谁来支持我？

_____

_____

_____

_____

我可以联系哪些专业人士？

_____

_____

_____

_____

专业人士的电话是多少？

_____

_____

_____

_____

版权声明